HEYNE <

Dieses Buch …

… ist eine Liebeserklärung an eine verkannte und völlig unterschätzte Vogelfamilie und all jenen gewidmet, die dazu beitragen, die Wunderwelt unserer Fauna und Flora zu bewahren und das Wissen darüber weiterzuverbreiten.

EVA GORIS
CLAUS-PETER HUTTER

FEDERLEICHT

Das erstaunliche Leben der Spatzen

Mit Illustrationen von Bernd Pöppelmann

Wilhelm Heyne Verlag
München

Aus Gründen der besseren Lesbarkeit wird im Text das generische Maskulinum verwendet. Die Personenbezeichnungen gelten jedoch gleichermaßen für alle Geschlechter.

MIX
Papier | Fördert gute Waldnutzung
FSC® C014496

Penguin Random House Verlagsgruppe FSC® N001967

3. Auflage
Originalausgabe 11/2022

Illustrationen: Bernd Pöppelmann
Redaktion: Anne-Kathrin Janetzky
Umschlaggestaltung: Eisele Grafik-Design, München
unter Verwendung der Illustrationen von Bernd Pöppelmann
Satz: Buch-Werkstatt GmbH, Bad Aibling
Druck: GGP Media GmbH, Pößneck
Printed in Germany
ISBN: 978-3-453-28138-7

www.heyne.de

INHALT

»Es ist besser, ein junger Spatz zu sein,
als ein alter Paradiesvogel«

Mark Twain

SPATZENLEBEN – GEDANKEN VORAB

Sie sind allgegenwärtig und haben die ganze Welt erobert. Keine Vogelart ist so erfolgreich wie der Spatz. Gemeint ist der Haussperling, der im Gefolge des Menschen nahezu den gesamten Globus besiedelt hat. Es gibt wohl keine Vogelart, die gleichermaßen derart faszinieren oder ganz einfach nur nerven kann. Auf Marktplätzen, in Biergärten oder bei den verschiedensten Ausflugszielen – Spatzen tschilpen und zetern, was das Zeug hält, fliegen, springen und hüpfen umher, um nach Futter zu betteln. Viele von uns haben es schon erlebt – ob im Urlaub in den Touristen-Hochburgen oder im heimischen Garten: Die nur etwa 25 Gramm schweren Vögelchen landen geschickt auf Bistro- und Gartentischen, um blitzschnell ihren Teil von Torten, Kuchen, Croissants oder Tramezzini zu stibitzen. Was wären die Piazza Popolo in Rom, die Piazza Michelangelo in Florenz, der Hafen von Lindau am Bodensee oder die Fußgängerzonen in Wien und Zürich ohne Spatzen?

So wie Spatzen einerseits nerven, lenken sie andererseits Blicke der Bewunderung auf sich, und der eine oder die andere sieht sich gar verleitet, den »armen Vögelchen« ein paar Krümel hinzuwerfen. Dies hat zur Folge, dass nur noch mehr des lärmenden und plündernden Spatzenvolkes angezogen wird. Wer sie nicht füttert und ablenkt, hat alle Hände voll zu tun, die Viecher zu vertreiben. Spatzen sind so an uns Menschen gebunden, dass sie Siedlungen, die verlassen werden, schon nach kürzester Zeit ebenfalls aufgeben. Es ist ein Stück lebendige Kulturgeschichte – die Koexistenz von Spatz und Mensch, von Mensch und Spatz.

Doch die seit der Sesshaftwerdung der Menschen vor rund 7000 Jahren andauernde »Partnerschaft« ist nicht mehr selbstverständlich. Sperlinge, für deren Fang und Tötung einst sogar Prämien bezahlt wurden, weil sie als lästige Schädlinge galten, die das Getreide wegfraßen, sind in vielen Gegenden selten geworden; die Bestände haben bis zu 80 Prozent abgenommen. Unsere Siedlungen sind ganz einfach zu spatzenfeindlich geworden, weil die Tiere kaum mehr Nischen und Spalten zum Brüten an den aus Sauberkeits- und Umweltgründen hermetisch abgeriegelten Gebäuden finden. Wo Spatzen fehlen, vermittelt ihre Abwesenheit – auch wenn wir es nicht gleich bemerken – eine traurige Botschaft: Unsere Umwelt wird still; nicht nur die Spatzen werden still, sondern mit ihnen verstummt viel andere Natur. Dabei könnten Sperlinge – lange Zeit als schmutzige Dreckspatzen verschrien – uns viel vermitteln. Über Sozialverhalten, Intelligenz in der Tierwelt, Nahrungs- und Brutbiologie und vieles mehr. Ist es nicht merkwürdig und auch traurig, dass wir eine Allerweltsvogelart aus den Augen und Ohren verlieren, bevor ihr spannendes Leben so richtig erforscht ist? Tatsächlich hat sich die Wissenschaft allzu lange kaum um die Spatzen gekümmert. Aber noch können wir viel von den Hausspatzen, Feldsperlingen, Weidensperlingen, Italiensperlingen und all den anderen Verwandten von *Passer domesticus* erfahren. Erfahrungen, die mit der Kulturgeschichte von uns selbst eng zusammenhängen.

Dieses Buch ist eine Einladung zu einer Entdeckungsreise in die geheime Welt eines vermeintlich Altbekannten, der vor unserer Haustür sein öffentliches Eigenleben führt. Gleich nebenan. Doch die Nachbarschaft mit uns Menschen ist schwierig. Als Kulturfolger ist der Spatz uns Menschen zwar gefolgt, aber aufgrund unserer Ignoranz muss er deshalb oft auch Federn lassen.

AUS ZWEI WIRD EINS

Wie immer, wenn wir zusammenarbeiten, stehen wir beide hinter dem gesamten Text – egal, wer welche Teile verfasst oder bearbeitet hat. Weil dieses Buch vielleicht unser persönlichstes ist, haben wir uns jeweils für den »Ich-Stil« entschieden. Eva hat überwiegend das gesamte Spatzenleben mit all den erstaunlichen Phänomenen der Spatzenwelt porträtiert und C.-P. seine Erfahrungen aus jahrzehntelangem praktischem Naturschutzengagement beigetragen. Zudem konzentrierte er sich auf die Begebenheiten mit der Hauptdarstellerin des Buches, dem Spatzenmädchen »Federle«.

Eva Goris · C.-P. Hutter

VOM HIMMEL GEFALLEN – EIN SPATZENSOMMERMÄRCHEN BEGINNT

An den Tag kann ich mich noch gut erinnern. Es war ein Sonntag Anfang Mai. Nach Wochen ergiebigen Regens kam endlich die Sonne hinter den Wolken hervor. Irgendwann wird ja auch das nach den Dürresommern der letzten Jahre ersehnte Nass zu viel, und schnell kann Sehnsucht in Verdruss umschlagen. Nach den vielen Regengüssen wünschten sich Mensch und Natur an der Schwelle vom Frühjahr zum Sommer jetzt Sonne und Wärme. Und was gibt es Schöneres, als an solchen ersten warmen Tagen die Zeit an einem lauschigen Plätzchen im Garten oder Park zu verbringen. Wir hatten es uns also auf der Gartenterrasse gemütlich gemacht, um zum ersten Mal in jenem Jahr wieder draußen das Essen genießen zu können. Was braucht es mehr als Sonne, Sauvignon blanc und Spaghetti mit Pesto, um dem Summer-Feeling näherzukommen – erst recht, wenn das lange vermisste Vogelkonzert wieder einsetzt und Mönchsgrasmücke, Rotkehlchen und Buchfink fast schon um die Wette singen, pfeifen und trällern. Wir hatten Freunde eingeladen und saßen in fröhlicher Runde beisammen.

Und plötzlich war er da; wie vom Himmel gefallen. Von einer auf die andere Sekunde veränderte, ja bestimmte ein kleiner Spatz unsere Genuss- und Gefühlswelt. Später konnte sich niemand aus unserer Runde mehr entsinnen, woher der Vogel kam. Es gab nur einen leisen Plopp und schon trippelte das kecke Vögelchen zwischen Tellern, Gläsern und Flaschen umher, flog auf Schultern, Häupter und Hände, die sich des zutraulichen Vogels nicht erwehren konnten. Erstes Erschrecken schlug rasch in Entzücken um, und als alle erkannten, dass Abwehr zwecklos und Ruhe angebracht war, bestimmte der gefiederte Hauptdarsteller die nächsten Stunden unserer Gäste und unser Dasein in den folgenden Tagen, Wochen, ja Monaten. Unser Spatzensommer hatte begonnen, ohne dass wir ahnen konnten, wie sehr ein kleiner Vogel das tägliche Leben verändern, wie sehr ein Tierchen gleichermaßen nerven wie begeistern kann.

»Was ist denn das für ein drolliger Hanselmann?«, fragte Christiane, als der Vogel behände über den Tisch hüpfte, sich da und dort ein Stück Nudel schnappte, die Beute in Sicherheit brachte und diese in für ihn wohl sicherer Entfernung verspeiste, um erneut vom Himmel zu fallen und sich sogleich am Parmesan-Schälchen zu bedienen. Völlig ungeniert pickte der uneingeladene Gast gar am Brot oder machte sich über die eilig von den Gästen hingeworfenen Krumen her. Alle meine Appelle, dem Spatzen nichts zu geben, halfen nichts. Es zeigte sich wieder einmal, wie Neugier und Beschützerinstinkt jegliche Vernunft, Wildtiere nicht zu füttern, von einem Moment auf den ande-

ren außer Kraft setzen können. Wie schnell es gehen kann, Tiere und Tierverhalten zu vermenschlichen, zeigte die leidenschaftlich geführte Diskussion um den Namen, den das freche Vögelchen erhalten sollte. »Hanselmann«, sagte Sven und ließ sich nicht davon abbringen, obwohl ich darauf hinwies, dass wir eine kleine Spatzendame vor uns hatten – und zwar das Weibchen der Art Haussperling; ganz einfach von den Männchen, die eine gräulich-bläuliche Kopffärbung aufweisen, zu unterscheiden. »Spazzola«, sagte Miriam und gab erst klein bei, als ich einwarf, dass dies die italienische Bezeichnung für eine Bürste sei …

Die Debatte schien kein Ende nehmen zu wollen. »Spatzi«, schlug Christian vor. »Das passt doch gleichermaßen für Weibchen und Männchen«, meinte er. »Zu altmodisch«, entgegnete Sara. Wein und das emsige Spatzenweibchen befeuerten die Diskussion. Später entschieden wir uns für »Federle« – und keiner in der Runde konnte ahnen, welchen Namen unser Spatz früher einmal hatte, ohne es zu wissen. Unserer Spatzendame freilich war dies sicher egal. Ab dem ersten Moment wusste sie sehr genau, wie sie mit uns kommunizieren musste, um etwas zu erreichen – nämlich gar nicht. Das entsprach nun in keinster Weise der einschlägigen Literatur, in der von den lauten, lärmenden Spatzen die Rede ist, und auch nicht unseren bisherigen Erfahrungen. Kein Tschilpen, keine andere Lautäußerung, alles spatzenstumm. Ihre Sprache war der von uns in diesem Moment vielleicht als kindlich hilfsbedürftig empfundene Spatzenblick. War dies angeborene Spatzenraffinesse? Wir wissen es nicht. Viele Wochen und Monate kommunizierte Federle mit uns nur per Flugakrobatik und kecken Blicken. War ihr Auftauchen eine himmlische Botschaft, eine glückliche Fügung oder ein Zeichen der Natur?

DER SPATZ – EIN ALLESFRESSER, DER NICHT ALLES FRISST

Spatzen lieben das Zusammenleben mit uns Menschen. Deshalb gehören Haussperlinge zu den typischen Siedlungsbewohnern. Dörfer und Stadtränder mit Kleintierhaltung wie Hühnern, Gärten und Parks mit wilden Ecken, Brachflächen und Bauernhöfe, die noch keine Agrarfabriken sind: Dörfer, die es so selbst in ländlichen Räumen kaum mehr gibt. Das ist, das war ihre Welt! Sie brauchen die Nähe des Menschen und folgten ihm im Laufe der Zeit vom Land in die Metropolen und von dort in die Welt. Denn wo Menschen sind, fällt für den Spatz immer etwas zum Fressen ab. Spatzen müssen viel und dauernd fressen. Der Münchner Professor Josef Reichholf hat mir einmal erzählt, dass ein Vogel pro Kilogramm Körpergewicht zehnmal so viel Nahrung braucht wie ein Mensch. So ein Vogelherz schlägt 800-mal in der Minute, um die Körpertemperatur kontinuierlich auf etwa 42 Grad zu halten; das allein erfordert einen immensen Energieaufwand. Vom Kalorienverbrauch beim Fliegen mal ganz abgesehen. Übrigens: Ein Menschenherz schlägt im Durchschnitt nur 66-mal in der Minute.

Der ausgewachsene Spatz ist Nahrungsopportunist und auch ein bisschen Müllschlucker. Ein eher anspruchsloser Überlebenskünstler, der Junkfood wie Pommes frites nicht verschmäht und unter den Tischen der Straßencafés, Biergärten und der Terrassen von Ausflugslokalen, Restaurants und Hotels der Menschen reichlich Nahrung findet. Beim Nachwuchs sieht das jedoch ganz anders aus. Für die Aufzucht der Jungvögel brauchen Haussperlinge Proteine – und die liefern Insekten.

KÄFER FÜR DIE KÜKEN

Auch ausgewachsene Spatzen sind keineswegs reine Körnerfresser. Grauenhaft daran überhaupt zu denken, aber eine dänische Ornithologin hat tatsächlich über 1500 Haussperlingen im Dienst der Wissenschaft den Bauch aufgeschlitzt und ihre Mageninhalte untersucht. Sie fand neben Hafer und Gerste vor allem »Tierisches« in den Spatzenmägen. Zum überwiegenden Teil waren es Insekten wie Blattläuse, aber auch Asseln, Maden, Raupen und Spinnentiere. Dass der Rückgang der Spatzenpopulation eng mit dem dramatischen Rückgang der Insekten zusammenhängt, ist Fakt. Während ausgewachsene Spatzen die Insektenknappheit mit Sämereien und allerlei Fressbarem etwa im Umfeld von Abfallkörben notgedrungen ausgleichen, ist die Aufzucht der Jungen durch das Insektensterben gefährdet. Der Vogelnachwuchs ist auf Gedeih und Verderb auf das Eiweiß der Insekten angewiesen. Die Nestlinge werden zu über 95 Prozent mit

Insekten gefüttert. Sie sind anfangs nur so schwer wie ein Stück Würfelzucker und auch nicht viel größer. Vogelkundler haben ausgerechnet, dass ein einziges Spatzenpaar in einer Brutsaison über 20 000 Insekten verfüttert und rund 400-mal am Tag das Nest mit Nahrung anfliegt, um den Nachwuchs groß zu kriegen. Erst wenn die Küken etwa eine Woche alt sind, werden winzige Sämereien, die mit Steinchen angereichert sind, hinzugefüttert. Die Steinchen helfen, die Körner im Magen der Küken zu verdauen. Sie fungieren quasi wie ein Mörser.

Erwachsene Spatzen sind dann Allesfresser, die sich jedoch vorwiegend vegetarisch von Körnern, Kräutern und Knospen ernähren. Ganz nebenbei arbeiten Spatzen als biologische Insekten-Kontrolleure. Sie halten mit ihrem Fressverhalten potenzielle Schädlinge wie Blattläuse und Fliegen in Schach. Naturnahe Gärten mit wilden Flächen werden in Anbetracht der allgemeinen Insektenknappheit – die in hohem Maß von der industriellen Landwirtschaft und deren monotonen Flächen sowie deren Chemiebombardement verursacht wird – immer wichtiger. Bei der Futtersuche ist die Nähe der Nester zum Lebensraum der Insekten nicht unwichtig. Das erleichtert den Vogeleltern die stressige Aufzucht der Küken. Wer Vögel zusätzlich füttert, sollte bedenken, dass altes Brot und Kuchenkrümel für den Nachwuchs nicht geeignet sind.

INSEKTEN IM SINKFLUG

Das Insektensterben im 21. Jahrhundert hat viele Gesichter. Wenn die Nacht zum Tag gemacht wird, beginnt das große Sterben der Insekten an Straßenlaternen, Fassaden und Leuchtreklamen. Licht übt auf sie eine magische Anziehungskraft aus. Vor allem Nachfalter werden durch Lichtkegel angelockt. Sie vernachlässigen die nächtliche Futtersuche, um ihre endlosen Kreise um die Lichtquellen zu ziehen. Dabei prallen sie gegen die Lampen oder fliegen in die Gehäuse, finden nicht wieder heraus und verglühen. Der Lichtverschmutzung fallen nach Schätzungen von Experten in einer einzigen Sommernacht viele Millionen Insekten zum Opfer. Dem Spatzen und vielen anderen Vögeln fehlen diese Insekten dann tagsüber für die Aufzucht der Jungvögel.

Das Drama rund um das Insektensterben ist keineswegs neu: Schon um 1990 fand der Spatz nicht mehr genug Nahrung. Als Folge sanken die Bestände rapide; in einigen Regionen um bis zu 80 Prozent. Insekten sind heute erst recht Mangelware; genau das ist ein wichtiger Aspekt, wenn es um das allgemeine Vogelsterben geht. Monotone Agrarlandschaften und industrieller Anbau, der nur durch Überdüngung und den Einsatz von Insektiziden möglich ist, bestimmen seit Jahrzehnten unser Landschaftsbild. Kleine Höfe mussten großen Agraranlagen weichen. Eine Vielzahl von Wildpflanzen an den Ackerrändern wurden für große Schläge, die sich leicht maschinell bearbeiten lassen, umgepflügt. Der pflegeleichten Bewirtschaftung unserer Felder fielen dadurch wertvolle Lebensräume und unzählige ökologische »Zierleisten« der Landschaft zum Opfer. Auch dadurch ist das Insektensterben exorbitant vorangeschritten. Zusätzlich wird immer mehr Natur in Siedlungsfläche verwandelt. Dafür werden Naturflächen unter Asphalt, Beton und Plattenbelägen versiegelt. Da in der Natur eins ins andere greift, ist durch den Vernichtungsfeldzug gegen die Insekten und das Verschwinden von naturbelassenen Lebensräumen auch das Überleben der Vögel bedroht.

Erinnern Sie sich an zerquetschte Insektenkörper auf der Windschutzscheibe nach längeren Autofahrten? Dann sind Sie älter als 50 Jahre. Saubere Autofenster und Kühlergrills sind ein Indiz für den dramatischen Rückgang der Insekten. Deshalb befindet sich nicht nur der Haussperlingsbestand im Sinkflug. Wenn schon Überlebenskünstler wie Spatzen rapide zurückgehen, wie mag es erst den Sensibelchen unter den Wildtieren und den Nahrungsspezialisten gehen? Mehl- und Rauchschwalbe, Zaunkönig, Mönchsgrasmücke, Feldlerche – sie alle sind Opfer einer fortschreitenden Lebensraumvernichtung, die am Ende vielen Millionen Individuen den Tod bringt.

Die idyllische Kleinbauernlandschaft, wie sie bis in die 50er-Jahre des letzten Jahrhunderts existierte, mit Hühnern, Enten, Gänsen, Futter fürs Vieh und eingelagertem Saatgut, war ein wahres Spatzenparadies. Dort ist immer auch genug zu fressen abgefallen. Leider gehören klein strukturierte Landschaften endgültig der Vergangenheit

an. Anfang des letzten Jahrhunderts sah die Welt aus Spatzensicht noch ganz anders aus. Wo heute Autos fahren, wühlten Pferde mit ihren Hufen im Galopp den Boden auf und erleichterten dem Spatzen die Nahrungssuche. Unverdaute Samen in Pferdeäpfeln waren obendrein eine Delikatesse für ihn. Auch in Kuhfladen und Gänsekot konnten Spatzen Snacks finden. Wo das Nutzvieh frisst und verdaut, fällt für Spatzen immer etwas ab. Das Leben auf einem Bauernhof startete früh. Mit den Menschen waren die Spatzen in den Ställen am Start. Beim Ausmisten, Kühemelken, Rübenhacken und Getreideeinfahren waren sie allgegenwärtige Mitesser. Sie sammelten und pickten nicht nur Nahrung, sondern fanden Federn, Heu, Strohhalme und Tierhaare für den Nestbau. Im Hühnerstall, bei den Gänsen, im Schweinestall und bei den Kühen und Pferden gab es reichlich Baumaterial. Nach der Ernte pickten sie die übrig gebliebenen Körner von den Feldern auf. Doch die Zeiten haben sich geändert. Heute sind Höfe moderne Agrarbetriebe. Die intensive Landwirtschaft mit Monokulturen und dem Einsatz effizienter Erntemaschinen, die jedes Körnchen abernten, macht dem Spatzen das Überleben auf dem Land schwer. Stoppelfelder werden meist sofort nach der Ernte umgepflügt. Getreidefelder verwandeln sich innerhalb kürzester Zeit in öde Ackerwüsten.

Doch auch das Überleben in einer Großstadt hat auch seine Tücken. Großstadtspatzen müssen es erst mal schaffen, die ersten drei Monate zu überleben – und das ist gar nicht so einfach. Der Nachwuchs muss ja ständig fressen und ist dabei auch in der Stadt auf Insekten angewiesen. Zahlreiche Studien belegen, dass das Stadtleben nicht wirklich gut für die Gesundheit der Vogelkinder ist. Die Lebenserwartung von Großstadtspatzen wurde von Forschern des National Center for Scientific Research (CNRS – Centre National de la Recherche Scientifique) in Paris genauer untersucht und mit den typischen Dorfbewohnern unter den Spatzen in Frankreich verglichen. Und es hat sich gezeigt: Im 21. Jahrhundert muss man als Großstadtspatz Abstriche machen.

Kaum aus dem Ei geschlüpft, wurden die Pariser Sperlingsküken nach einer Art Body-Mass-Index von den Wissenschaftlern vermessen, gewogen und für zu leicht befunden. Der Großstadtspatz war kleiner und wog weniger als die Vergleichsgruppe der Dorfbewohner. Für die Forscher galt es, viele Fragen zu beantworten: Füttern Vogeleltern in der Stadt zu viel Junkfood? Setzt der Lärm dem Nachwuchs zu? Oder liegt es an der Luftverschmutzung? In der Stadt werden Vogeleltern nicht selten Opfer von Verkehrsunfällen. Kehren die Altvögel nicht zum Nachwuchs zurück, müssen die Küken verhungern.

Unterm Strich pflanzen sich die Stadtspatzen weniger erfolgreich fort und ihre Lebenserwartung ist geringer. Für die Forscher stand schnell fest: Je weniger Grünflächen und je dichter die Besiedlung, in der die Vogeleltern ihr Nest gebaut hatten, desto mickriger saß der Nachwuchs im Nest. Auch die Federdichte der Großstadtküken war lausig. Sie sahen wie gerupft aus. Erst die ausgewachsenen Vögel, welche die mangelhafte Ernährung in der Kükenphase überlebten, hatten wieder ein einigermaßen passables Gefieder. »Wir fanden bei ausgewachsenen Tieren keinen Einfluss der Verstädterung auf die Gefiederqualität«, sagt Frédéric Angelier, Mitautor der Studie und Wissenschaftler des CNRS.

Was ist da los im Spatzennest? Warum trifft es gerade die im Wachstum befindlichen Jungvögel? Eigentlich liegt die Antwort auf der Hand: Während sich ausgewachsene Haussperlinge als Samenfresser auch in der Stadt von allerlei Krümel-Kram ernähren können und sich dann allmählich erholen und entwickeln, braucht der Nachwuchs ja die proteinreichen Insekten oder deren Larven und Puppen, um in der Entwicklung mit den Landeiern vom Dorf mithalten zu können. Das lotterige Federkleid in der Lebensphase der Küken kann auf Hungerstress zurückgeführt werden. Von Fast Food kriegen Vogelkinder einfach Bauchweh. Haussperlinge kommen ja nicht als Samenfresser auf die Welt. Eine Forschergruppe der Ungarischen Akademie der Wissenschaften kam zu ähnlichen Ergebnissen. Fehlen die Grünflächen in der Nähe der Nester, kommt es zur Mangelernährung der Küken.

MUT ZUR WILDEN ECKE IM GARTEN

Insektenmangel ist also immer wieder der Grund dafür, dass diese Überlebenskünstler unter den Vögeln, die uns am Imbiss in der U-Bahn-Station, auf Flughäfen und Raststätten begegnen, heute als bedroht betrauert werden müssen.

Ich freue mich, wenn Spatzen zu mir in den Garten kommen. Ganz bewusst habe ich einen Vogelgarten gepflanzt. Gärten, aber auch Parkanlagen und Friedhöfe sind nämlich zu Über-Lebensräumen für Wildtiere geworden. Auch Schmetterlinge, Käfer und kleine Säuger wie Igel und Bilche profitieren von Nahrungsinseln in tristen Agrar- und Betonwüsten. Das Insekten-Buffet ist dort reich gedeckt, wenn es im Garten dichte Büsche aus heimischen Sträuchern wie Heckenrosen, Nutzpflanzen wie Brombeeren und blühendem Lavendel und Margeriten gibt. In einem spatzenfreundlichen Garten wimmelt es von Käfern, Spinnentieren, Ameisen und Schmetterlingslarven. Acker-Witwenblumen, Liguster, Hopfen, Sommerflieder und Hundsrose sowie das immergrüne Geißblatt bieten neben Futter und Schutz für Insekten auch Früchte und Samen für Vögel.

Auch mitten in der Stadt kann ein Garten ein Paradies für Vögel und Insekten sein. Die Zauberformel heißt Vielfalt. Nicht nur Spatzen lieben und brauchen viele und unterschiedliche einheimische Sträucher, Büsche und Blütenpflanzen. Andere Singvögel kommen ebenso geflogen, wenn das Nahrungsangebot und die Deckung stimmen. Ein eintönig gestalteter Garten mit akkurat gestutzten Hecken und makellosem Golfplatzrasen ist für die meisten Arten kein Platz zum Leben. Im vogelfreundlichen Garten dagegen finden von A wie Amsel bis Z wie Zilpzalp viele Vögel neben Futter auch Nistgelegenheiten, Verstecke und eine Wasserstelle zum Trinken und Baden. Wer naturnah gärtnert, wird dreifach belohnt: mit einem bunten Garten, mit viel Vogelgesang und weniger schädlichen Insekten.

Damit sich Vögel in den Gärten ansiedeln, brauchen sie also genügend Nahrung. Viele Vogelarten wie etwa der Zaunkönig ernähren sich von Spinnen, Nachtfaltern, Fliegen. Die wiederum leben vorzugsweise auf oder von heimischen Wildpflanzen und sollten keinesfalls mit Pestiziden bekämpft werden. Exotische Gewächse wie Rhododendron oder Essigbaum werden den Bedürfnissen vieler heimischer Insektenarten nicht gerecht. Deshalb sollten diese Pflanzen gegen heimische Pflanzen ausgetauscht werden. Die Verwandlung von sterilem Einheitsgrün in einen Naturgarten kann schrittweise erfolgen. Von heimischen, standortgerechten Pflanzen profitieren Vögel, die Schädlinge wie Schnecken oder Schnaken vertilgen. Wenn sich außerdem auch Wildbienen – zu denen auch die Hummeln gehören – ansiedeln, fördert das die Fruchtbildung vieler Pflanzenarten wie etwa Kirsch-, Pflaumen- und Apfelbäume. Bäume wie Feldahorn oder Mehlbeere und Sträucher wie Haselnuss, Holunder und Weiß- und Kreuzdorn sowie Gräser und Kräuter bieten sowohl den gefiederten Vegetariern als auch den Proteinliebhabern ein vielfältiges Nahrungsangebot an Sämereien, Beeren, Insekten und Kleintieren. Apfel- und Birnbaum sorgen vor allem im Spätsommer für ein reiches Futterangebot für Drosseln und Stare.

Dornige oder stachelige Gewächse wie Wildrosen, Weiß- und Schwarzdorn sowie Berberitze bieten nicht nur Spatzentrupps Schlaf-, Versteck- und Brutmöglichkeiten. Sie schützen vor Katzen und Elstern. Hecken, etwa aus Hainbuchen und Feldahorn, eignen sich auch für kleine Grünflächen, denn sie brauchen weniger Platz als viele andere Gehölze. Wichtig ist aber, Hecken so spät wie möglich, optimalerweise erst ab Ende Juli und noch einmal im Herbst zu schneiden, um Buchfink, Heckenbraunelle oder Grasmücke nicht beim Brüten zu stören.

Selbst triste Mauern können mithilfe von Kletterpflanzen in heimelige Brutplätze verwandelt werden. In wildem Wein, Clematis oder Efeu brüten dann Amsel, Grünfink, Hänfling und mitunter auch Spatzen. Alle bevorzugen beim Singen eine vor Feinden sichere Rundumsicht und sitzen deshalb gern auf Baumkronen oder Dachfirsten. Hausrotschwanz und Grauschnäpper nutzen diese Plateaus auch zum Insektenfang. Bohnenstangen bieten eine gute Alternative, wenn keine höheren Bäume oder Sträucher im Garten stehen. So schafft man ein Plätzchen – nicht nur für Spätzchen.

Schritt für Schritt zum vogelfreundlichen Garten

- Einheimische, standortgerechte Pflanzen gegenüber Exoten bevorzugen (siehe Kasten).
- **Vielfalt pflanzen:** Verzicht auf pedantisch gepflegten Rasen, stattdessen Schmetterlingswiesen-Samen als bunte Insel oder am Rand des Rasens aussäen.
- **Weniger ist mehr:** Wildblumenwiesen können nur dann gedeihen, wenn dauerhaft auf eine Düngung und häufiges Mähen der Rasenfläche verzichtet wird. Dünger

sollte ebenso wie Pestizide an keiner Stelle zum Einsatz kommen.

- **Wildwuchs schützt Schmetterlinge:** In einer Ecke oder unter Sträuchern Brennnesseln und Disteln als Futterpflanzen stehen lassen. Die Raupen vieler Schmetterlingsarten wie Kleiner Fuchs, Tagpfauenauge und Admiral sind darauf angewiesen.
- **Laubsauger sind tabu:** Neben Laub verschwinden in den Saugern Samen sowie zahllose Insekten, die sich unter Laubschichten zur Winterruhe zurückgezogen haben. Das verringert das Nahrungsangebot für Vögel.
- **Laub liegen lassen oder kompostieren:** Statt Herbstlaub zu entfernen, sollte ein Teil besser unter Hecken und unter Sträucher gerecht werden. Der Rest wird, zusammen mit Holzhäckseln, auf dem Komposthaufen zu wertvoller Humuserde für Pflanzbeete. Im Kompost finden Vögel neben Nahrung auch Material für ihren Nestbau.
- **Holzreste aufschichten für Kinderstuben und Schlafplätze:** Reisig und abgeschnittene Äste nicht verbrennen oder häckseln, sondern totes Holz aufschichten und aufbewahren. Das bietet am Boden brütenden Vogelarten und anderen Wildtieren wie Igeln Wohnraum.

ÜBERSICHT VOGELFREUNDLICHER PFLANZEN

Blutrote Johannisbeere (*Ribes sanguineum*)
Bocksdorn (*Lycium chinense*)
Brombeere (*Rubus caesius*)
Eberesche oder Vogelbeere (*Sorbus aucuparia*)
Hainbuche (*Carpinus betulus*)
Haselnuss (*Corylus avellana*)
Heidelbeere (*Vaccinium myrtillus*)
Himbeere (*Rubus idaeus*)
Hundsrose (*Rosa canina*)
Liguster (*Ligustrum vulgare*)
Rotbuche (*Fagus silvatica*)
Roter Holunder (*Sambucus racemosa*)
Rote Johannisbeere (*Ribes rubrum*)
Sanddorn (*Hippophae rhamnoides*)
Schlehe (Schwarzdorn, *Prunus spinosa*)
Schneeball (*Viburnum opulus*)
Schneebeere (*Symphoricarpus racemosus*)
Schwarzer Holunder (*Sambucus nigra*)
Schwarze Johannisbeere (*Ribes nigrum*)
Stachelbeere (*Ribes uva-crispa*)
Wacholder (*Juniperus communis*)
Walderdbeere (*Fragaria vesca*)
Weißdorn (*Crataegus oxyacantha*)
Wilder Wein (*Parthenocissus tricuspidata*)
Wolliger Schneeball (*Viburnum lantana*)

FÜTTERN – ABER WAS?

Vögel sind Feinschmecker und keine Müllschlucker. Altes Brot und Tischabfälle gehören nicht ins Futterhaus. Essensreste können unsere Spatzen und andere Waldvögel sogar krank machen. Gewürze und Schimmel schaden Wildtieren und gehören nicht in ein Vogelhaus. Gerade bei Minusgraden und Dauerfrost brauchen Vögel kalorienreiches, hochwertiges Futter, um die kräftezehrende Kälte zu überleben. Denn bei Kälte verbrauchen die kleinen Flieger jede Menge Brennstoff in Form von Fett. So verliert ein spatzengroßer Vogel in einer einzigen Frostnacht bis zu zehn Prozent seines Körpergewichtes; der Verlust muss am nächsten Tag ausgeglichen werden, sonst endet die nächste kalte Nacht tödlich. Doch in unserer aufgeräumten Landschaft ist für die Vögel erst recht im Winter wenig zu holen. Auf dem Land hat die Landwirtschaft viele Lebensräume für die Vogelwelt vernichtet, und in den Städten fehlt es an strukturreichen Gärten mit Sträuchern, Stauden und Wildkräutern. Vögel zu füttern ist unter Naturschützern umstritten. Da gibt es Hardliner, die alles der Natur überlassen wollen und meinen, es müsse sich ganz ökologisch alles von alleine regeln. Und solche Fachleute, die angesichts des Artensterbens appellieren, den Restbeständen heimischer Arten durch Ganzjahresfütterung zu helfen. Fakt ist: Wer füttert, hilft den Vögeln bei ihrem Überlebenskampf. Nicht nur im Winter.

Pflanzliche Fette aus Nüssen und Samen sind perfekte

Energiespender. Man sollte jedoch den Tisch für die Vögel mit Überlegung decken. Das kalorienreiche Körnerfutter sollte Lebensmittelqualität haben. Körnerfresser wie Buch- und Bergfink, Grünling, Kernbeißer und unser Spatz sind mit Sonnenblumenkernen und Hanf, klein gehackten Hasel- und Walnüssen, Bucheckern und den Fruchtständen von Hirse und Mohn gut versorgt. Vermischt mit aufgeschlossenen Weizen- und Haferflocken, lockt gutes Futter auch Ammern und Kleiber zum Dinner. Hochwertiges Futter wird bis aufs letzte Körnchen aufgepickt. Im Gegensatz dazu werden in Billigfutter harte Körner von Weizen, Roggen, Gerste oder Hafer als Füllmaterial untergemischt, die nur in absoluten Notzeiten von den wenigsten Vögeln gefressen werden können. Meist bleibt dieses Futter liegen, wird nass, schimmelt, schadet den Vögeln und zieht unter den Futterstellen Ratten an. Außerdem verschmutzen die Reste die Futterstelle und verärgern den Nachbarn. Im Februar sollten Vogelfreunde nicht nur an Spatzen, sondern auch an die ersten Heimkehrer unter den Zugvögeln denken. Sie haben eine weite Reise hinter sich, die kleinen Körper sind durch die Anstrengungen und Entbehrungen ausgebrannt. Sie brauchen jetzt dringend energiereiches Futter, denn wenn Singdrossel und Hausrotschwanz wieder in Deutschland landen, hat die Natur für sie noch nicht viel an Nahrung zu bieten. Der Fachhandel bietet hierzu proteinreiches Futter, das unter anderem aus Trockeninsekten bzw. deren Larven (etwa Mehlwürmer) besteht.

SCHATZ ODER SCHÄDLING?

Bei der (Hass-)Liebe zwischen Spatzen und Mensch ging es also seit jeher in erster Linie ums Fressen. Theodor Fontane – ein ausgesprochener Spatzenfreund – soll gesagt haben: »In allen Zweigen war ein Jubilieren und kaum, dass mein Frühstück erschien, hüpften sie auf meinem Tisch umher.« Er fand sie reizend und soll sogar das Lesen seines Journals – »womit ich damals meine Zeit nur allzu gern vertrödelte« – vergessen haben. Doch nicht jeder Mensch kann sich für den ungezügelten Appetit und das Temperament der Spatzen begeistern. Schon 1790 beschimpfte Georges-Louis Leclerc Comte de Buffon in seiner »Naturgeschichte der Vögel« den Spatzen als faul und verfressen. Spatzen seien die lästigsten Geschöpfe, die man überall antrifft und die nur Verdruss verursachen. »… so nehmen sie ihren Unterhalt aus angefüllten Vorräten – sie leben nur von den Gütern eines anderen.« Weiter klagte der französische Naturforscher im Zeitalter der Aufklärung: »… sie thun mehr Schaden, als sie Nutzen stiften, denn ihre Federn taugen zu nichts, ihre Stimme beleidigt unsere Ohren, ihre Zudringlichkeit ist beschwerlich!«

Trotz all der Auswüchse von Hass und Quälereien, der Brutalität von Vernichtungskampagnen, die sich durch die Geschichte ziehen, schätzen Spatzen uns Menschen als Nachbarn. Denn das enge Zusammenleben hat sich im Laufe der letzten Jahrtausende unterm Strich für den kleinen Vogel bewährt. Sicher gab es auch schon Spatzen, die mit nomadisierenden Jägern in der Steinzeit zusammen am Feuer gesessen und die Essensreste weggepickt haben. Aus dem Zusammenleben mit den Menschen ließ sich viele Jahrhunderte lang Nutzen ziehen. Wie schnell Spatzen verschwinden, wenn wir Menschen weg sind, konnte man Ende des Zweiten Weltkriegs auf der Nordseeinsel Helgoland beobachten. Die britische Luftwaffe hatte den roten Felsen bombardiert, was zur Evakuierung der Helgoländer führte. Mit dem Weggang der Bewohner brach die Spatzenpopulation auf der Hochseeinsel sofort ein. Helgoland war ohne seine Menschen nahezu spatzenfrei.

DAS SPATZ-MENSCH-VERHÄLTNIS – WIE ALLES BEGANN

Eine Studie der Forscher der Universität Oslo interessierte mich in diesem Zusammenhang besonders. Die Entwicklungsgeschichte der Mensch-Spatz-Beziehung reicht bis in biblische Zeiten zurück und wurde von den Forschern im Spatzengenom aufgedröselt. Die Genanalyse hat zu einem erstaunlichen Schluss geführt: Als der Mensch sesshaft wurde und begann, Getreide anzubauen, statt sich ausschließlich vom Jagen und Sammeln zu ernähren, stellte auch der Spatz seine Ernährungsgewohnheiten um. Weg von wilden Sämereien entwickelte er sich hin zum Getreidefresser.

Das geht natürlich nicht von heute auf morgen. Dafür musste sein Verdauungssystem modifiziert werden, damit der Darm sich an das neue Nahrungsangebot anpassen konnte. Das wiederum bedurfte wesentlicher genetischer Veränderungen, denn der winzige Vogelmagen konnte das von Menschen kultivierte und im Vergleich zu natürlichen Sämereien stärkereichere Getreide nicht von Anfang an verdauen. Jeder von uns, der unter Gluten-Unverträglichkeit oder Zöliakie leidet, weiß, was ich meine; der Darm rebelliert, das Klebereiweiß aus dem Getreide verursacht schwere Durchfälle. Aus ähnlichen Gründen musste auch das Verdauungssystem der Kleinvögel genetisch optimiert und angepasst werden. Der Vogelkörper hat quasi gelernt, mit der Spaltung von Polysacchariden wie Stärke fertigzuwerden. Für diese Aufspaltung sind Enzyme wie Amylasen notwendig. Nur mit diesen Verdauungsenzymen ist der Darm in der Lage, die stärkebasierten Nahrungsmittel ausreichend zu verwerten. Ein Vogelmagen, der Menschen-Futter verdauen kann, entwickelte sich in einem Prozess, der mit zahlreichen Mutationen verbunden ist. Diese Mutationen wiederum führten nach dem Motto »Survival of the Fittest« zur Selektion und damit im Fall des Haussperlings zum Vorteil der Getreidefresser. Die Forscher konnten genetisch sogar nachvollziehen, dass der anpassungsfähige *Passer domesticus* diesen Prozess vor über 10 000 Jahren zu Zeiten der neolithischen Revolution vollzogen haben muss. Veränderungen auf Chromosom 8 machten seine Verdauung robuster und den Schnabel kräftiger. Damit war die Mensch-Spatz-Beziehung im Genom festgeschrieben. Heute können Spatzen stärkereiches Getreide mit ihren Schnäbeln aufbrechen und prima verdauen. Liebe geht auch bei ihnen durch den Magen; genauer gesagt durch den Darm.

Die Wissenschaftler der Universität in Oslo haben das Genom unseres Haussperlings *Passer domesticus* mit verwandten Arten, die heute im Iran und Kasachstan leben, verglichen und festgestellt, dass sich unser Spatz von der ehemaligen Verwandtschaft nicht nur verdauungstechnisch unterscheidet. Um eine neue Beziehung mit uns Menschen einzugehen, hat sich auch sein Verhalten verändert. Während die mitteliranische Vogelfamilie wesentlich kontaktscheuer ist und Menschen meidet, kennt unser Spatz keine Abstandsregel. Er sucht die Nähe zum Menschen geradezu. Übrigens fällt der Zeitpunkt der Trennung von *Passer domesticus* und seinen baktrischen Verwandten in grauer Vorzeit vor etwa 11 000 Jahren mit der Entwicklung des Ackerbaus im Mittleren Osten zusammen. Das lässt sich archäologisch nachweisen. Genau zu dieser Zeit beginnen seine Gene nämlich zu mutieren. Weiterhin fand das Forscherteam heraus, dass die Zahl der Haussperlinge eng an die Entwicklung einer erfolgreichen Bauerngesellschaft gebunden war. Die Population der Europäischen Haussperlinge stieg vor ungefähr 6000 Jahren mit der wachsenden Besiedlung von Ackerbauern sprunghaft an. Natürliche Saaten sind weniger stärkereich als angebautes Getreide und damit weniger nahrhaft. Die Nahrungsopportunisten haben mit der Nahrung des Menschen einen klaren diätischen Vorteil ergattert. Doch in der Neuzeit tauchte dann ein völlig neues Problem auf: der Rückgang der Insekten …

SPÄTZLE FÜRS SPÄTZLE

Es ist schon frappierend, wie schnell man manchmal langjährige, scheinbar ganz fest verankerte Prinzipien fallen lässt. Da habe ich jahre-, ja jahrzehntelang im Familienkreis, bei Freunden und in der Öffentlichkeit appelliert, ja geradezu gepredigt, dass Wildtiere nicht gefüttert werden sollen. Ganz klar, Natur soll sich ungestört entwickeln, Wildtiere sollen nicht vom Menschen abhängig gemacht werden. Nach wie vor ist es für mich so, dass Enten, Gänse und Schwäne im Stadtteich, am See oder Fluss genauso wenig gefüttert werden wie Bambi Baby oder Wildschwein Wutz auf der Wiese oder im Wald. Einzige Ausnahme: die Vogelfütterung im Hausgarten, von der ich auch jahrelang abgeraten habe – aber dann erkennen musste, dass die massive Vernichtung von Vogellebensräumen, wie Hecken, Gehölzen, Bäumen, und anderen natürlichen Futterquellen zur Nahrungsnot im Winter führt. Und seit etwa 2000 bin ich dazu übergegangen, sogar das ganze Jahr über das Futter im Vogelhäuschen nicht ausgehen zu lassen. Bestätigt in meiner geänderten Haltung wurde ich durch Empfehlungen meines langjährigen Wegbegleiters und Freundes Prof. Dr. Claus König, ehemaliger Präsident des Deutschen Bundes für Vogelschutz, DBV (heute Naturschutzbund

Deutschland) und langjähriger Leiter des Staatlichen Museums für Naturkunde in Stuttgart, sowie Prof. Dr. Peter Berthold, ehemaliger Leiter der Vogelwarte Radolfzell (Max-Planck-Institut für Verhaltensbiologie) und wie Freund Claus gleichermaßen Wissenschaftler wie Naturschutzpraktiker. Im Gegensatz zu den Öko-Hardlinern, die alles sich selbst überlassen wollen, empfehlen König, Berthold und nicht wenige andere Pragmatiker in den Dörfern und Städten die Ganzjahresfütterung, weil die Individuenzahl der Vogelbestände seit etwa 1990 in manchen Regionen Deutschlands, Österreichs, der Schweiz und Luxemburgs regional um mehr als die Hälfte abgenommen hat. Doch weder solche Experten noch ich selbst würden Tiere anlocken und so füttern, dass sie durch Fütterungstraining auf mich geprägt und damit abhängig werden.

FÜTTERN IST WICHTIG

Immer wieder werde ich gefragt, wie Kleinvögel eigentlich neue Futterquellen, wie Vogelhäuschen, Meisenknödel und anderes, überhaupt finden. Nun, die Antwort ist ganz einfach: Vögel sind auf der Suche nach Fressbarem ständig unterwegs und entdecken so früher oder später neue Futterquellen. Dabei werden sie von anderen Vögeln beobachtet, die ihnen folgen und sich ebenfalls schnell die Ressource zu eigen machen. Die Folge ist nicht selten ein Kampf um Kalorien, der die Vögel viel

Kraft kostet. Deshalb ist es wichtig, Futterquellen nicht nur dann und wann zu bestücken, sondern die Vogelnahrung nicht ausgehen zu lassen.

Soweit die Theorie und auch meine eigene bisherige Praxis. Was aber, wenn ein kleines, possierliches Tierchen wie Federle regelrechte Bettelattacken fliegt und wenn das »arme Vögelchen« Kopf, Schultern und Ellbogen ansteuert, auf die Hand hüpft und sich in solchen Momenten mit von mir als schmachtend empfundenen Vogelblicken einschmeicheln will? Keine Chance, hart zu bleiben. So fielen die Vorsätze, kein Futter zu geben, damit der Vogel nicht zu vertraut wird, ebenso schnell über die Tischkante, wie ein Spatzenschwarm davonfliegt, wenn ein Sperber oder Habicht auftaucht. Überhaupt konnte ich, konnten wir gar nicht so schnell reagieren, wenn das Vögelchen mal da, mal dort, zack-zack-zack, Krumen von Brot und Kuchen vom Tisch stibitzte, im unbedachten Moment an der Butter pickte, um dann gleich wieder Kopf und Schulter als Zwischenlandeplatz anzusteuern. Nichts, was der Vogel als seine Beute auserkoren hatte, war sicher. Lieber also gezielt Futter geben, damit das Tierchen Ruhe gibt und um das Ganze auf diese Art im Sinne »richtigen Vogelschutzes« mit etwas Gesundem zu steuern. Denn eines war uns ganz klar – ein Sommer ohne gemütliche Aufenthalte auf der Terrasse und im Garten kommt nicht infrage. Schon einen Tag nachdem Spatzenmädchen Federle auftauchte, habe ich meinem Freund Claus einige der begeistert von uns aufgenommenen Handybilder geschickt, ihn angerufen, die Zutraulichkeit des kleinen Vogels und dessen ungenierte Bettelei geschildert und um Rat gefragt. Claus bestätigte, was ich schon vermutet hatte. »So, wie das Spatzenweibchen aussieht, ist es vielleicht ein Jahr alt und wie du das Verhalten schilderst, deutet alles darauf hin, dass es sich um einen handaufgezogenen und damit zahm gewordenen Vogel handelt. Wenn es dem frechen Spatzen bei euch gefällt, bekommt ihr ihn wegen der Menschenprägung nie mehr los«, lachte Claus. Und dann erzählte er mir, dass er als junger Bursche einen verunglückten jungen Spatzen aufgezogen habe und dieser so zutraulich geworden sei, dass er ihn an kalten Tagen unter dem Pulli mit sich herumtragen konnte. »Das ist ja alles recht nett, ich habe aber keine Zeit für Spatzen-Entertainment. Die Zeit brauche ich, um Naturschutzprojekte voranzubringen für die ohnehin geschundene Natur«, antwortete ich schon etwas verzweifelt, um gleich eine Frage an den renommierten Ornithologen nachzuschieben. »Ganz im Ernst, Claus, wie werde ich das nervige Vieh wieder los, ohne ihm zu schaden?« Dann kam die Antwort, die ich geahnt und befürchtet hatte. »Da gibt es nur eines; du kannst den Vogel fangen und ins Tierheim bringen; aber die haben beileibe anderes zu tun, als zahme Spatzen durchzufüttern. Die Tierheime quellen über von Hunden, Katzen und anderem Getier, die von dummen Menschen ausgesetzt oder nach völliger Überforderung und unsachgemäßer Pflege abgegeben werden. Und eigentlich will ich das auch gar nicht empfehlen«, meinte Claus. Doch ich ließ nicht locker und schlug Folgendes vor: »Ich werde den Vogel doch fangen und bei dir vorbeibringen. Dann hast du als Ornithologe ein kleines, lebendiges Studienobjekt wie in deinen Jugendjahren in eurem Garten.« Doch meine scherzhafte, von vager Hoffnung getragene Idee kam bei Claus natürlich nicht gut an; er wollte mir lieber seine neuesten Uhu-Beobachtungen schildern. Doch während des Telefonats startete mein gefiederter Plagegeist weitere Bettelattacken. Um in Ruhe mit Claus, der mit seiner Frau seit etlichen Jahren gleich mehrere Uhu-Brutstandorte im Neckartal betreut, dokumentiert und die Jungenaufzucht an gut getarnten Stellen auf schwierig einzusehenden Felsbändern fotografiert, telefonieren zu können, flüchtete ich ins Haus. Kaum war ich in meinem Arbeitszimmer angekommen, hatte mich das kecke, freche Spatzenmädchen auch schon wieder entdeckt. Fordernd flatterte die geflügelte Nervensäge am Fenster auf und ab. »Uhus fressen doch auch Spatzen?«, fragte ich Claus und versuchte den Vogel zu ignorieren. »Mitunter schon, aber fette Wanderratten sind denen lieber«, meinte lachend der Vogelexperte, der einst in Südamerika vier bis damals unbekannte Eulenarten entdeckte und erstmals beschrieb. Federle war wohl ums Haus geflogen, um mich hinter der Fensterscheibe zu suchen. Instinktiv wechselte ich wieder den Standort und ging in die Küche auf der anderen Seite des Hauses. Doch es dauerte keine drei Minuten, da hatte mich der freche Spatz auch dort schon entdeckt, weshalb ich schnell auf den Balkon flüchtete – und wieder das gleiche Spiel. Wo immer ich, meine Frau oder unsere Kinder in den nächsten Tagen,

Wochen und Monaten in diesem Spatzensommer auch auftauchten – immer war der Spatz schon da. Und wenn er nicht auftauchte, so haben wir ihn vermisst. Ist das nicht verrückt? Ja, so schnell können Prinzipien und gute Vorsätze über Bord geworfen werden.

Natürlich habe ich Claus auch gefragt, was ich dem Vogel füttern kann, um wenigstens einigermaßen Ruhe zu bekommen. Denn er machte keinerlei Anstalten, das übers Jahr hindurch mit Sonnenblumenkernen und Haferflocken gefüllte Futterhäuschen anzusteuern. Das willensstarke, wohl gerade mal geschätzte 25 Gramm schwere Etwas stand auf Brösel von Brot, Schneckennudeln und Rührkuchen. Das aber ist ja nicht spatzengerecht, aber auch die Spatzen an Autobahnrastplätzen, in Cafés und Ausflugslokalen kümmert die Qualität des dort verfügbaren »Futters« wenig. »Mit Haferflocken liegt ihr durchaus richtig, und frisches Brot solltet ihr meiden«, hatte Claus empfohlen. Während ich über die Fütterung des Findlings nachdachte, um wenigstens einen Burgfrieden mit der kleinen Nervensäge herstellen zu können, wurde mir immer klarer, dass ich meiner jahrelangen Haltung in Sachen Wildtierfütterung doch recht schnell untreu wurde. Und eigentlich hatte ich gar keine andere Wahl. Schließlich konnte ich mich des Eindringlings nicht erwehren, da ich jetzt – anders als im Biergarten oder im Straßencafé – an einer gedeihlichen Nachbarschaft interessiert sein musste. Also blieb nur noch die Frage: Was füttern? Schnell erkannte ich, dass Federle die Empfehlungen eines erfahrenen Ornithologen wenig interessierten. Erster Versuch: Haferflocken auf die Hand. Federle kommt in fla-

chem Flug, landet zielsicher. Pickt ein wenig herum und wirft die gesunden Haferflocken schneller auf den Boden, als wir schauen, fotografieren oder filmen können. Also, tiefer Seufzer, dann halt ausnahmsweise etwas altes Brot, was Claus als Notlösung auch empfohlen hatte. Endlich, Federle pickt und frisst. So geht das, aber nur zwei-, dreimal. Auch der Trick, nur ganz wenig Brot mit Haferflocken zu mischen: Fehlanzeige. Dann ein anderer Versuch. Tagelang geht das so. Feinere Haferflocken müssen her. Gedacht, gesagt und gekauft. Der Vogel findet keinen Gefallen daran und dreht schon beim Anflug und Anblick der Haferflocken sofort wieder ab. Also wieder etwas altes Brot und eine neue Strategie: ganz fein gehackte Wal- und Haselnüsse, die wir ja von der eigenen Obstwiese haben. Federle kommt flugs auf die Hand, pickt, als wenn sie Gift fressen müsste, wirft das Ganze auf den Boden und dreht ab. Altes Brot kann es aber auf die Dauer auch nicht sein, und so entschließen wir uns garantiert zuckerfreien Kinderzwieback anzubieten. Gekauft, vor dem Füttern kurz gewässert, damit das Vogelschnäbelchen mit dem trockenen, harten Zeug klarkommt. Und tatsächlich: Federle scheint begeistert zu sein. Aber nur so lange, wie sie nicht Schneckennudeln oder andere von ihr erwählten Spatzen-Leckereien auf dem Terrassentisch sieht. Dann steht sie kurz wie ein rüttelnder Falke in der Luft, fliegt wieder zu ihrem Ausgangspunkt zurück, um dann im eleganten Bogen den Tisch anzusteuern und sich in von uns nicht mehr beherrschbaren Momenten das zu holen, was ihr zusagt. Doch wie lenkt man einen Spatzen vom Tisch auf gesundes Essen in der Hand, wenn er sich schon nicht nach Spatzenart in der Natur der Gärten ernähren will? Wir versuchen es mit Kokosflocken. Federle hat keinerlei Interesse, kommt auf die zum Spatzenschüsselchen geformte leicht hohle Hand, wieder – zack, zack – werden auch Kokosflocken wie am anderen Tag fein gehackte Mandeln in Sekundenbruchteilen verstreut und auf den Boden geworfen. Also erneute Fütterungsversuche mit dem eingeweichten Kinderzwieback, der sich als notdürftig akzeptiertes, aber nicht gern gesehenes Zwischenfutter erweisen sollte. Doch dann die »Ernährungswende«. An einem Sonntag hatten wir Linsen mit Spätzle und Saitenwürstchen (wie die Wiener und Frankfurter Würstchen im Schwäbischen heißen) auf dem Tisch – neben Maultaschen das schwäbische Nationalgericht schlechthin. Dachte ich schon etliche Wochen, dass Spatzen bei den beobachteten Eigenarten halt auch nur irgendwie Menschen sind, so musste ich jetzt erkennen, dass Spatzen in Schwaben Schwabenspatzen sein müssen. Denn wieder verblüffte uns das Vögelchen und stibitzte ein Spätzle-Teil. Dann wieder und wieder. Von den Zutaten her hefefrei, müssten doch Spätzle fürs Schwabenspätzle geeignet sein. Auch Naturschützer wie ich sind nur Menschen und müssen immer wieder mit ihren eigenen Widersprüchen klarkommen. Und so ertappte ich mich bei der Spatzen-Spätzle-Attacke auch bei Gedanken, die mir früher nie in den Sinn gekommen wären. Wer etwa schaut darauf, was die Spatzen dort, wo Bauern- und Pferdehöfe noch nicht zu hermetisch abgeriegelten Kleinindustrieanlagen verkommen sind, fressen? Wen kümmert es, ob sie sich auf den Terrassen von Bistros und Businesshotels an Pommes frites, Schnitzelpanade, Spaghetti-Stückchen, Pizzarinde und anderem Fressbaren, das auf den Boden fällt oder von amüsierten oder gelangweilten Gästen gezielt hingeworfen wird, naturgesund ernähren oder nicht? Um Ruhe zu bekommen, wagen wir es also dann und wann, Spätzle oder Nudelteilchen anzubieten, wobei sich – warum auch immer – die Spätzle als absoluter Renner erweisen. Ja, die kleine Welt der noch kleineren Spatzenmägen scheint unergründlich zu sein. Erst viel später sollten wir erfahren, dass Federle durchaus wildvogelgerecht aufgezogen wurde und sich offensichtlich von ganz alleine zum Spatzen-Junkfood-Gourmet entwickelt hat.

Apropos eigene Widersprüche, die mir an einem schönen Sonntagmorgen Mitte Juni unseres Spatzensommers wieder einmal deutlich wurden. Hierzu muss ich etwas ausholen … Ich hatte mich mit Herbert Keil verabredet. Herbert hat nicht nur mit bewundernswertem Engagement ein Eulenschutz-Netzwerk aufgebaut, sondern betreut seit über 35 Jahren oft allein und manchmal mit Helferinnen und Helfern über 750 Steinkauzröhren. Die meisten davon hat er selbst gebaut und auf geeigneten Bäumen in Obstwiesen dreier Landkreise angebracht. Und nicht nur das. Alle Steinkauzröhren steuert er mindestens dreimal im Jahr an, um zu kontrollieren, ob sie belegt sind, wie viele Eier die Steinkäuze gelegt haben, wie viele Jungkäuze geschlüpft sind, wie sie sich entwickeln, um sie schließlich zur richtigen Zeit beringen zu können. Mit seinem Einsatz hat es Herbert Keil geschafft, dass die Population der in dem Gebiet schon fast ausgestorbenen Steinkäuze mit nur noch vier Brut-

paaren auf heute wieder über 390 Brutpaare angestiegen ist. Alle Daten über Gelege, Gewicht der Jungkäuze sowie deren Konstitution werden zu wissenschaftlichen Zwecken dem Max-Planck-Institut für Verhaltensbiologie (dazu gehört auch die Vogelwarte Radolfzell) zur Verfügung gestellt. Herbert hatte auch auf einem mächtigen Kirschbaum und einem alten Birnbaum auf unserer Obstwiese sowie weiteren Bäumen auf Nachbargrundstücken Steinkauzröhren aufgehängt. Für mich ist Herbert ein »Held der Landschaft« – ein Held, der zusammen mit seiner Frau mittlerweile unzählige junge Eulen und andere Vögel, darunter auch Spatzen wie Federle, aufgepäppelt und aufgezogen hat. Vor solchen Menschen, die nicht nur von Umweltschutz reden, sondern »machen«, habe ich größte Achtung. Deshalb freute ich mich sehr auf unser Wiedersehen. Jetzt stand nämlich die Kontrolle und die Beringung der flauschigen Käuze an. Das wollte ich mir doch nicht entgehen lassen. Und es hat sich gelohnt früh aufzustehen, erst nach Federle zu schauen und dann gleich die herrliche Obstwiesenwelt mit den jetzt blumenbunten Wiesen anzusteuern. Wie so oft war Herbert schon da und hatte seine Klappleiter bereits am Stamm des Obstbaums angelegt. Und siehe da, drei junge Käuze beförderte der Eulenschützer aus den Tiefen der Steinkauzröhre zutage und packte sie in einen Stoffbeutel, den er vorsichtig zu mir herunterließ. Dann wurde ein Vogel nach dem anderen gewogen, vermessen und vor allem beringt. Ein beeindruckendes Erlebnis. Aber irgendwie ist es doch verrückt, wenn ich darüber nachdenke, dass ich mit etwas Futter zuvor Federle »beruhigt« hatte, damit sie nicht nervte, und jetzt bei den Steinkäuzen bin, denen ja nicht nur Mäuse, sondern auch Spatzen und andere Kleinvögel als Nahrung dienen. Welch ein Widerspruch innerhalb weniger Stunden. Ein Widerspruch für mich, nicht für die Natur. Die Natur hat ihre eigenen Gesetze, bei denen Jäger Gejagte werden und Gejagte Jäger. Werden und Vergehen – in der Natur läuft das seit Jahrtausenden so ab, ganz ohne Emotionen.

SPATZENLIEBE – DER MEISTERSÄNGER KRIEGT DIE BRAUT

Balz und Paarung sind auffällige Rituale – auch bei Spatzen. Herr Spatz sagt auf seine ganz spezielle Art und Weise: »Mach mir ein Ei!« Dafür legt er sich schwer ins Zeug. Das tschilpende Liebesgeflüster während der Balz im Frühling ist hormonell bedingt und anstrengend. Für die Frühlingsgefühle ist unter anderem die steigende Intensität des Tageslichtes am Anfang des Jahres entscheidend. Tieffrequenter Großstadtlärm zwingt im Vogelalltag zu höheren Tönen und dazu, lauter zu singen. Das haben Vogelkundler vom Max-Planck-Institut für Ornithologie mit Sitz in Starnberg herausgefunden. Wer tiefer singt, wirkt größer, dominanter und stärker – also männlicher. Es ist eindeutig, dass die Gesangsfrequenz die Fortpflanzung beeinflusst. Die Konkurrenz bleibt auf Abstand und die Attraktivität für die Weibchen nimmt zu.

Damit die Liebeslieder des Herrn Spatz nicht in der dumpfen Kakofonie (Duden: schlecht klingende Folge von Lauten) der Stadt untergehen, muss er sich stimmlich durchsetzen, denn im Umfeld anderer verliebter Vögel kann es ganz schön laut werden. Einige Singvögel wie die Amsel erreichen mit bis zu 100 Dezibel mittlerweile den Lärmpegel eines Presslufthammers. Außerdem haben Wissenschaftler gemessen, dass die Großstädter unter den Singvögeln – und damit auch der Spatz – am lautesten zwitschern. Das scheint logisch, denn sie müssen ja nicht nur all die anderen Vögel übertönen, sondern auch den Straßenlärm. Jeder kennt den Party-Effekt: Je lauter die Musik ist, umso schwieriger wird die Verständigung. Flirten und Schreien passen irgendwie nicht zusammen. DUUU HAST SOOO SCHÖNE AUGEN klingt mit 120 Dezibel Stimmvolumen nicht wie ein Kompliment, sondern eher wie eine Bedrohung. Wer was Nettes sagen will, senkt in der Regel die Stimme und versucht sein Gegenüber im sonoren Plauderton zu bezirzen. Bei Spatzen ist das anders. Je lauter, um so attraktiver. Was

soll man auch tun, wenn der Großstadtlärm das Liebesgesäusel übertönt? Der liebestolle Spatz erhebt seine Stimme und klingt vor allem laut und – na ja – für Zuhörer vielleicht nicht ganz so harmonisch und verführerisch. Als kleiner Vogel gilt: Die Konkurrenz muss übertönt werden. Und nicht nur die Spatzen-Konkurrenz. Andere Singvögel sind auch auf Freiersfüßen. So singt die männliche Nachtigall in der City bis zu fünfmal lauter als ihre Verwandten auf dem Land. Kohlmeisen singen nicht nur lauter, sondern auch höher. Gegen dieses allgemeine Piep-Konzert tritt der Spatz mit geschwellter Brust laut, durchdringend und mit manchmal nervigen Wiederholungen an. Die Sache ist ernst: Es geht schließlich um die Familienplanung. Während der Mensch verzückt dem Sing-Sang der Vögel im Frühling lauscht und es für einen Ausdruck von Lebensfreude hält, ist die Balz für Vogelmännchen eine anstrengende Angelegenheit und alles andere als ein Vergnügen. Es gibt so viel zu tun: Zunächst muss der Rivale mit kräftiger Stimme aus dem Revier vertrieben werden, dann gilt es, die Weibchen mit dem Gesang zu beeindrucken.

Doch eine kräftige Stimme allein genügt nicht. Erst kombiniert mit einem prächtigen Gefieder wird die Show perfekt. Das Federkleid steht wie die kräftige Stimme für Gesundheit und signalisiert der Vogelfrau in spe: Der hat gute Gene für unseren Nachwuchs zu bieten. Bei dem Liebesgeflüster während der Balz sind nicht nur Lautstärke, Dauer und die Häufigkeit des Gesangs von Vorteil; es geht auch um das Repertoire. Da wird auch der Spatz zum Meistersänger. Er vermag zwar nicht wie die Nachtigall mit glasklarem Sopran und bis zu 100 Strophen brillieren, und er verfügt auch nicht wie die Amsel oder das Rotkehlchen über einen geradezu kitschig anmutenden Schmelz in der Vogelstimme, aber verliebte Spatzen haben es trotzdem drauf. Der Gesang beginnt kraftvoll, geht in ein Crescendo über, wird ständig wiederholt und lässt an Hartnäckigkeit nicht zu wünschen übrig. Ganz gleich, ob der Ampelmast oder der Apfelbaum als Bühne dienen – eins ist klar: Wer am lautesten singt, der kriegt die Braut!

Damit kleine Lebewesen wie ein Spatz überhaupt so laute Töne hervorbringen können, brauchen sie einen besonderen Stimmapparat. Im Gegensatz zu uns Menschen haben Vögel zwei Kehlköpfe, den Larynx und die Syrinx. Ersterer dient dem Erzeugen fauchender und zischender Laute, während die Syrinx ein Singmuskelapparat ist. Dieser befindet sich ganz am Ende der Luftröhre. Nur Vögel besitzen diesen Stimmapparat, der unmittelbar an der Gabelung der Hauptbronchien sitzt. Darüber hinaus ist diese Syrinx meist von einem Luftsack umgeben, der wie ein Resonanzkörper funktioniert und für Lautstärke sorgt. Damit nicht genug: Vögel können die Luft, die aus den Lungen kommt, mit winzigen Muskeln virtuos steuern. Das befähigt sie, zwei unterschiedlich hohe Töne gleichzeitig zu erzeugen. Sie singen quasi zweistimmig. Menschen können das nicht. Die Lautstärke ist eine Frage des Drucks. Je mehr Luft durch die Syrinx strömt, desto lauter ist der Gesang. Zwischendurch nehmen Vögel ein paar Mikro-Atemzüge, damit sich die Luftsäcke wieder auffüllen, und weiter geht es. So bringt ein wenige Gramm schweres Vögelchen leicht 90 Dezibel auf der Lautstärkeskala hervor und ist damit ungefähr so laut wie ein Traktor. Übrigens: Der lauteste Vogel der Welt lebt in Brasilien, Guyana und Venezuela. Der männliche Zapfenglöckner imponiert mit 125 Dezibel! Er hat ein weißes Gefieder und wiegt nur 250 Gramm, aber sein »Ding-ding«-Ruf klingt wie eine Glocke und durchdringt die Tiefen des Amazonasgebietes.

WAS SPATZEN SO ZU SAGEN HABEN

Ornithologen unterscheiden grob gesagt Rufe von Gesängen. Gerufen wird das ganze Jahr über, gesungen ausschließlich zur Paarungs- und Brutzeit. Ein Liebeslied hat meist mehrere Strophen. Rufe hingegen sind einzelne Laute. Sie warnen, drohen, locken und sind Begleitmusik im Flug.

Wie differenziert Spatzen kommunizieren, ist jedoch kaum erforscht. »Er ist ein schrecklicher Schwätzer und erbärmlicher Sänger«, hat der Zoologe Alfred Brehm (1829–1884) seine Beobachtungen wiedergegeben. Der Mann hat mit »Brehms Tierleben« Geschichte geschrieben und gewiss auf seinen Afrikareisen exotischere Vögel als Spatzen gesehen, doch wird er mit seiner abwertenden Beurteilung dem graubraunen Singvogel nicht gerecht. Die ausufernden Begrüßungszeremonien von Spatzen sind konzertreif. Vor allem abends, bevor sie die Schlafplätze aufsuchen, haben sie ein ausgeprägtes Mitteilungsbedürfnis. Kurz bevor es dunkel wird, findet ein gemeinsames

Konzert statt. Schrille »Tschick-tschick«-Rufe, »Schilp-schilp«- und »Tät-tät«-Töne wechseln einander ab. Nachzügler kündigen die verspätete Ankunft mit einem knappen »Jerk-jerk« an. Dann ist plötzlich Ruhe. Die Kolonie schläft. Haben sie sich Gute-Nacht-Geschichten erzählt oder Erlebnisse ausgetauscht? Wer weiß das schon.

Ich selbst habe erlebt, wie sie sich vor dem Fenster verabredet haben, um meinen Kater zu ärgern. Einen Sommer lang wurde er jeden Abend kurz vor Sonnenuntergang von einer Spatzenbande genarrt. Bevor sie in den Schlaflöchern im Efeu an der Hauswand verschwanden, hatten sie sich wohl verabredet, um das Blut des Stubentigers in Wallung zu bringen. Sie flatterten laut zwitschernd und tschilpend vor dem geschlossenen Fenster auf und ab, bis der Kater wütend mit den Pfoten auf die Scheibe schlug, um sie zu fangen. Den Vögeln war sicher bewusst, dass keine Gefahr drohte. Nach einigen Minuten war das Spiel für sie langweilig geworden und sie gingen schlafen. Der Kater brauchte danach noch eine Weile, bis er sich wieder beruhigt hatte. Katzen und Spatzen können keine Freunde werden. Wie auch? Während der eine die Krallen wetzt, steht der andere auf der Speisekarte. Geht es gegen Katzen, halten Spatzen zusammen. Es wird immer wieder beobachtet, dass sie sich gegenseitig durch lautes Pfeifen warnen und dann gemeinsam den Feind mit Scheinangriffen aus der Luft attackieren und jagen. Kommunikation und Zusammenhalt sind alles. Gegen eine vereinte Spatzenarmee sind Einzelkämpferkatzen zum Glück meist recht wehrlos.

DIE PIEP-SHOW: KOMMUNIKATION IST ALLES

Den Gesang der Spatzen mag ich sehr. *Passer domesticus* klingt wie einer, der auf alle Widrigkeiten pfeift. Mit der fulminant-dramatischen, engelsgleichen Stimme der Chansonette Edith Piaf – sie wurde »Spatz von Paris« genannt – hat das ruhelose Geschwätz der Haussperlinge nichts gemein. Edith Piaf hätte als Nachtigall in die Musikgeschichte eingehen müssen. Sie verdankt ihren Spitznamen ohnehin ihrer spatzenhaften Körpergröße von 1,47 Meter und ihrer Herkunft. Sie hat es aus der Gosse an die Weltspitze geschafft und sich trotz zahlreicher Schicksalsschläge nicht unterkriegen lassen. Typisch Spatz eben. Er kommt ja auch irgendwie aus der Gosse und wird ständig von Schicksalsschlägen gebeutelt. Spatz von Paris zu sein ist ein Kompliment; Paradiesvögel gibt es an der Seine genug. Als die berühmte Sängerin 1935 ihre erste Platte aufnahm, gehörten Spatzen noch auf den Champs Élysées zu Paris wie der Eiffelturm und Notre Dame.

Als Kind habe ich das typische Tschilpen des Singvogels mit einem Kassettenrekorder aufgezeichnet. Sein Gesang wird meist nur als sympathisches Geschwätz wahrgenommen, doch der quirlige Vogel kann sich durchaus differenziert ausdrücken. Man kommuniziert untereinander. Droht Gefahr aus der Luft, warnen sich Spatzen mit einem weichen, getrillerten »Drüüüü«. Befinden sich Feinde am Boden, ruft der Spatz energisch »Terrettett«

oder »Kew-kew«. Er lernt sogar Fremdsprachen, denn er kann Stare und Amseln nachahmen. Besonders rührend finde ich, dass Spatzenmütter die Rufe ihrer Küken sehr genau von denen anderer Küken unterscheiden können.

Außerdem ist der Haussperling ein überaus pünktlicher Sänger: Genau 18 Minuten vor Sonnenaufgang beginnt er mit dem Gesang; erst kurz bevor die Sonne untergeht, hält er wieder den Schnabel. Ich habe meine private Spatzen-Sprachforschung als Kind tatsächlich so weit getrieben, aus meinen Aufnahmen mit dem Kassettenrekorder eine Art Vokabelbuch zu erstellen. Die Übersetzungen von »Schilp« heißt »... hier bin ich!« »Terrr-tetterterr« bedeutet »Achtung – Gefahr!« und »Schriii-schriiii« klingt nach »... ich habe Angst!« Verliebte Spatzenfrauen flirten mit einem zärtlich hingehauchten »Dij-dij-dij-dij«. Und wenn sich das Männchen angesprochen fühlt, antwortet es mit liebevollem »Iag-iag-iag«. Wer den Gesang belauscht, erkennt durchaus Elemente aus Mozarts »Spatzenmesse« in C-Dur, KV 259. Das Stück wurde 1775 komponiert. Die filigrane Violine im Allegro erinnert an das Vogelgezwitscher der »Missa brevis et solemnis«. Ich stelle mir vor, wie Wolfgang Amadeus die Spatzen beim Komponieren belauscht und beobachtet hat; wie sie hüpfen und necken, aufflattern und sich jagen. Mozart lässt die Vögel zwischen den Noten zappeln. Der Name Spatz leitet sich übrigens aus dem Althochdeutschen ab: Sparo – ein Wort, das an das englische »sparrow« erinnert – bedeutet nichts anders als »zappeln«.

VOGELHOCHZEIT: SINGEN ALLEIN GENÜGT NICHT

Bei der Balz müssen Spatzenmännchen schon mehr bieten, als nur ein Liedchen zu trällern. Sie können mit ihrer kräftigen Stimme zwar Rivalen aus dem Revier verjagen und den Weibchen ihre Paarungsabsichten kundtun sowie ihre Gene anpreisen; doch die Stimme allein genügt oft nicht. Wer ein ordentliches Repertoire an Strophen mit einer Tanzeinlage unterlegt, hat bei der Vogelhochzeit bessere Chancen als bloße Meistersänger. Der Spatzenmann lockt beim Singen mit geschwellter Brust und variierenden Tschilptönen. Beim Paar-Tschilp unter Spatzen geht es nicht besonders romantisch zu. Nach dem Prinzip der Fernsehwerbung »mein Haus, mein Boot, mein Auto« prahlen die Männchen nicht nur mit Schönheit und Potenz, sondern vor allem auch mit einem komfortablen Zuhause. Softies, Looser und Habenichtse haben bei Spatzenfrauen demnach keine große Chance. Der Typ muss schon eine ordentliche Ausstattung mitbringen; Bewerber mit großen Hoden und stattlichem Brustlatz sind zwar begehrt und werden gegenüber Schwächlingen klar bevorzugt, aber Optik und Potenz allein reichen nicht unbedingt. Ornithologen haben beim Speed-Dating der Spatzen beobachtet, dass selbst topfitte Schönlinge und Angeber nicht bei allen Damen gleich gut ankommen. Es geht eben auch um die »soziale Absicherung«. Der Ausbau des Nestes ist bei der Entscheidung der Vogelfrauen ein wichtiger Punkt. Ist es für den Nachwuchs angemessen ausgestattet? Ist die Lage ideal? Gibt es genug Büsche für Deckung und Nahrung in der Nähe? Erst die passende Immobilie macht den Meistersänger zum potenziellen Partner.

Sie inspiziert das Nest ausgiebig, bevor sie sich entscheidet. Jetzt darf nichts mehr schiefgehen. Eine solche Inspektion ist fast schon ein Paarungsversprechen, eine Art Vogelverlobung. Er legt sich noch einmal voll ins Zeug. Jetzt geht es um alles oder nichts: Er reckt den Kopf in die Höhe, plustert das Gefieder auf und trällert erneut sein Liebeslied aus Leibeskräften. Dabei zeigt er seine weißen Flügelbinden, indem er die Schwingen wie einen Fächer aufstellt, und hüpft wie ein aufgezogenes Blechspielzeug um die Angebetete herum. Mit Halmen im Schnabel will er sie endgültig über die Nest-Schwelle locken. Welches Kriterium letztendlich den Ausschlag gibt – die Vogeldame entscheidet, ob es zur Paarung kommt oder nicht. Da eine Spatzenehe lang halten soll, will sie schließlich auf Nummer sicher gehen.

Lässt sie sich dann endlich auf den Verehrer ein, gibt es plötzlich Stress. Was ist denn jetzt los? Er verjagt die eben noch Angebetete, indem er mit dem Schnabel aggressiv nach ihr pickt. Ist das der erste Ehekrach? Doch dieses Verjagen gehört als Ritual mit zum Vorspiel dazu. Die perfekte

Vogelfrau kehrt unerschrocken zum einmal erwählten Nest zurück, wo sie dann tschilpend erwartet wird. Was wie das Ende einer Beziehung aussieht, ist nichts anderes als ein Necken und der letzte Beweis, dass die Partnerin eine ebenbürtige, mutige Braut ist, auf Spatzen-Augenhöhe, die sich nicht so leicht ins Bockshorn jagen lässt.

Unabhängig von den Nestimmobilien kann es sein, dass die Annäherungsversuche der Schönlinge, die mit gestelztem Schwanz und dekorativ herabhängenden Flügeln versuchen Eindruck zu schinden, ins Leere laufen. Aber warum? Übereifrige Individuen werden eher Opfer von Fressfeinden wie Sperber, Turmfalke, Elster oder Katzen. Vielleicht ist das der Grund? Wer nur Sex im Kopf hat, wird unvorsichtig. Das sind keine günstigen Voraussetzungen für die Aufzucht der Brut. Wenn der übermütige Angeber verunglückt oder gefressen wird, ist das Weibchen am Ende alleinerziehende Küken-Mutter. Wer der Vater ihrer Eier wird, entscheidet sie allein. Und zwar klug und zukunftsorientiert.

VON ZICKENKRIEGEN, NEBENBUHLERN UND SEITENSPRÜNGEN

Gibt es bei Spatzen Liebe, bis der Tod sie scheidet? Bleiben sie ein Leben lang mit einem Partner zusammen und sind treu wie Gold? Leider nein! Seitensprünge konnten anhand genetischer Analysen wissenschaftlich nachgewiesen werden. Eins sei klar gesagt: Obwohl für uns Menschen ein Spatz wie der andere aussehen mag; Verwechslungen untereinander sind ausgeschlossen. Die Vögel erkennen sich gegenseitig sehr genau an ihrem Aussehen und dem typischen Gesang. Doch Koloniebrüter hocken eng zusammen – da entgeht dem braven Spatzenmann die schöne Nachbarin aus Nest nebenan nicht unbedingt. Treue hin oder her: Genetische Untersuchungen belegen, dass bis zu 19 Prozent der Spatzenküken fremde Väter haben. Die Anzahl der »Kuckuckskinder« im Spatzennest ist von der Größe der Kolonie abhängig. Das scheint zu beweisen, dass Angebot und Nachfrage die Versuchung beflügeln. Je enger man zusammenlebt, umso größer ist die Gefahr, dass ein Nebenbuhler zuschlägt.

Auch unter Spatzen führen Untreue und Betrug zum Zickenkrieg; und der kann für den Nachwuchs tödlich enden. Das Nest der Nebenbuhlerin wird rigoros zerstört, Eier und Jungvögel landen dann oft aus beiden Nestern auf dem Boden. Polygamie ist also unerwünscht. Es gibt allerdings auch Spatzenweibchen, die sich als tolerant erweisen. Sie akzeptieren, dass der Partner Nachwuchs außerhalb der Vogelehe gezeugt hat. Gemeinsam mit dem »Betrüger« ziehen die Weibchen oft die fremden Küken mit auf. Der Reiz oder der »natürliche« Zwang zu füttern ist einfach zu groß.

DRAMEN IN DER KOLONIE

Doch es geht auch dramatisch zu auf engem Raum: Der Nachwuchs von Spatzenwitwen ist nicht unbedingt sicher. Es kann vorkommen, dass die hilflose Situation der alleinerziehenden Vogelmutter ausgenutzt wird und die Sexprotze der Kolonie die Brut des verunglückten Spatzenvaters töten, um sich anschließend mit dem verwitweten Weibchen zu paaren.

Auch in der Paarungszeit kann es zu unschönen Szenen kommen, die an Gruppenvergewaltigungen erinnern. Wie in einem schlechten Porno verfolgt eine lärmende Spatzen-Gang ein einzelnes Weibchen. Sie wird dann von einer extremen Überzahl aggressiver Männchen bedrängt und angeflogen, auch wenn ihr Partner hilflos danebensteht. Die Vergewaltiger versuchen wie beim Gruppensex aktiv mit dem verstörten Weibchen zu kopulieren. Sie wehrt sich nach Kräften, um das zu verhindern. Hakt und pickt nach den Angreifern, drückt das Kloakenloch auf den Boden, um einem Eindringen zu entgehen. Da Vögel keinen Penis oder ein vergleichbares Organ besitzen, das »eindringen« kann, ist die Fortpflanzung ein Balanceakt. Vögel müssen ihre Kloaken aufeinanderdrücken, damit der Austausch von Körperflüssigkeiten möglich wird und die Samen des Männchens eindringen können. Kloaken sind Öffnungen, die Darm und Geschlechtsorgane von Vögeln auf ein einziges Ausgangsloch reduzieren. Bei einer Gruppenbalz ist die Stimmung derart aufgeladen

und hektisch, dass es nur selten zur gelungenen Kopulation kommt. Nach kurzer Zeit löst sich die Spannung; die Gang verschwindet und der angestammte Partner kehrt zum Weibchen zurück. Spatzenmännchen werden dabei beobachtet, dass sie dann mit dem Schnabel an der Kloake der Weibchen herumpicken. Wahrscheinlich soll dieses Verhalten dazu führen, dass das Sperma von Konkurrenten als Reaktion auf den Schmerz vom Weibchen wieder ausgestoßen wird. Szenen wie diese und die Häufigkeit der Kopulationsversuche – Spatzen treiben es bis zu 20-mal pro Stunde – haben dem Ansehen des kleinen Vogels geschadet und ihn zum sexbesessenen Dreckspatzen degradiert.

SPATZEN AUS DER PFANNE: DAS »VIAGRA« DES MITTELALTERS

Der »Dreckspatz« galt von jeher als gewöhnlich, verwerflich, vulgär und verhurt. Hört man im Geiste die Moralisten von damals über die Libido des kleinen Spatzen reden, wird der »über die Maßen unkeusche Vogel« gar zum sexbesessenen Teufel im Federkleid. Der Schweizer Naturforscher und Theologe Conrad Gessner beschrieb 1557 den anpassungsfähigen Kleinvogel als Schädling und verachtenswertes Wesen. Auch wenn es im Mittelalter wenig zu essen gab und so ziemlich alles verspeist wurde, kamen Spatzen bei anständigen Leuten nicht auf den Teller. Spatzenhirn mit Honig stand im Ruf, die Potenz zu steigern. Wer Spatzenhirn gar mit Hühnereiern »streckte«, um in der Pfanne mehr Masse zu erzeugen, stand schnell am Pranger. Und zwar nicht nur im übertragenen Sinne. In Kirchenkreisen war der Haussperling wegen seines unermüdlichen Liebesspiels als äußerst unkeusch gebrandmarkt. Es schien den bigotten Betrachtern gar, dass die Vogelpärchen beim Sex Spaß empfinden. Damit waren sie eine Ausgeburt des Teufels. Geschlechtsverkehr war der Nachwuchsproduktion vorbehalten. Lust galt als Todsünde. Davon mal abgesehen: Wer weiß schon, was kleine Vögelchen beim Sex empfinden? Auch Spatzenhoden und allerlei andere Körperteile waren das Viagra des Mittelalters. Sie sollten libidosteigernde Wirkung haben. Der Gipfel perverser Menschenfantasie war allerdings ein Hausmittel, das als Aphrodisiakum im Mittelalter durchaus verbreitet war: Man empfahl das Fleisch von Spatzen, die beim Koitus getötet wurden.

Seit Jahrhunderten hat die Kirche Probleme mit Sex – und damit auch mit diesem frechen Vogel. Dem Spatzen wurden allerlei teuflische Bosheiten angedichtet. So sollen es Spatzen gewesen sein, welche die Nägel für die Kreuzigung Christi im Schnabel herbeibrachten. Voll Verachtung beschreibt Martin Luther die Schlechtigkeit des »allerschändlichen Vogels«. Er sei ein viel »ärgerer und schädlicher Vogel als die Schwalbe – denn er raubet und stilet und frisset alles, was er nur bekommen kann …« Im Jahre 1559 trieben Spatzen in der Dresdner Kreuzkirche »… wegen ihres unaufhörlichen verdrießlichen großen Geschreis« einen Pfarrer derart zur Weißglut, dass er kurzerhand einen »Kirchenbann« über Spatzen aussprach. Selbst Heilige werden zu Tierquälern, wenn fröhliche Vögel in der Kirche auftauchen. So soll Dominikus, seines Zeichens Kirchenlehrer und Heiliger, durch einen Spatzen, der ihn bei der Predigt im Gottesdienst störte, derart in Rage geraten sein, dass er den armen Vogel von einer Nonne fangen ließ und ihm sämtliche Federn herausriss. Dann warf er das nackte Wesen auf den Kirchenboden und forderte den Spatzen auf: »Nun fliege denn dahin, wenn du kannst.« Der heilige Tierquäler starb 1221 in Bologna. Derartige Brutalität im Namen Gottes konnte man nur rechtfertigen, wenn man dieses erbärmlich zugerichtete Lebewesen für Satan höchstpersönlich hielt – und das taten viele Kirchenfürsten.

Der Mensch denkt – wie so oft – eindimensional und zieht falsche Schlüsse aus seinen Beobachtungen. Die katholische Kirche ordnete an, auf den Verzehr von Spatzenfleisch ganz zu verzichten. Es mache sexbesessen und führe zu unkeuschem Verhalten. Bis heute hat der Vogel seinen Namen in der Küche etabliert; zumindest in Süddeutschland. Die schwäbischen »Spatzen« – ein in Wasser gekochtes Mehlklößchen, etwa mit klein geschnittener Wurst als Wurstspätzle oder mit Spinat – sind äußerst schmackhaft und bestehen keineswegs aus dem Fleisch der Vögel. Der Name der richtigen schwäbischen Spätzle ist vermutlich davon abgeleitet. (Diese sind, teils vom Brett geschabt, kleine rundliche Spätzle mit länglichen Enden, während die mit einer Spätzlepresse gedrückten längliche Nudeln sind. Durch ein Lochblech gedrückte sind rundlich und werden in Oberschwaben »Knöpfle« und in der Schweiz »Knöpfli« genannt.) Wie es auch sei – Schwaben denken beim Wort Spätzle immer erst an das Essen und nicht an Sperlinge. Ob Spätzle die Potenz steigern, mag bezweifelt werden. Die kulinarische Assoziation ist wohl eher an die Urform angelehnt.

Die Unermüdlichkeit bei den Fortpflanzungsbemühungen machte Spatzen schon in der Antike zum Sinnbild der Wollust. Während die christliche Lehre bis weit in die Neuzeit das Höllenfeuer lodern sah, war man in der Antike weniger prüde – was den Spatzen unterm Strich auch nicht gut bekommen ist. Die Vögelchen wurden zwar gefüttert, damit sie möglichst in der Nähe des Hauses nisteten, doch hinter der vermeintlichen Fürsorge steckte nur ein Gedanke: Auf den Teller mit ihnen! Denn dann ging es angeblich später mit Stehvermögen im Bett hoch her. Ein Schicksal, das Spatzen mit Nashörnern, Tigern und anderen »Potenzmitteln« auf vier Beinen teilen. Am Ende der Wollust steht die Ausrottung – wenn das keine Sünde ist …!

Mit Romantik hat Vermehrung ohnehin wenig gemein. Spatzen springen sich gegenseitig auf den Rücken. Es sieht brutal und ein wenig befremdlich aus – erst recht, wenn man noch ein Kind ist. Was weiß man schon von Vorspiel und Kopulation? Ich konnte mir als Kind das seltsame Verhalten nicht erklären und hielt die Balz für Zank und Streit. Aber ich hatte gelernt, Männchen von Weibchen zu unterscheiden, und wusste, dass **er** ständig auf **ihr** hockte.

FEDERLE ÜBERTRIFFT ALLES – WIE DAS VOGELMÄDCHEN MIR DEN KOPF VERDREHTE

Der Blick aus dem Fenster ist verheißungsvoll, die Abendsonne lockt mich in den Garten. Ein Glas Rotwein, etwas Baguette und Bergkäse aus dem Allgäu begleiten mich an diesem Septembertag ins Freie, auf die Terrasse. Etwas entspannen, Abstand von E-Mail-Checken, Videogesprächen und Terminvereinbarungen bekommen, dabei die frische Luft genießen – in vermeintlicher Ruhe … ups, da ist er ja wieder, der freche Spatz. Federle, das kecke Spatzenmädchen, ist wieder wie aus dem Nichts aufgetaucht. Ob sie auf mich gewartet hat? Sie hüpft auf dem Tisch herum, ganz selbstverständlich, legt den Kopf etwas schief und sieht mich an … Dann trippelt sie zum Weinglas. Kurz mustert sie sich im »Rotweinspiegel« und pickt gegen das Glas. Aber schnell scheint das Baguette interessanter zu sein. »Wenn du mir nichts abgeben willst, hole ich es mir eben selbst« – das meine ich in ihren Augen »lesen« zu können. Keine Hemmungen, keine falsche Bescheidenheit. Ich bleibe gelassen. Wer kann dem Charme dieses kleinen Wesens schon widerstehen?

Während Federle in einiger Entfernung, jedoch in Sichtweite, ihre Beute verspeist – genüsslich, würde der Mensch sagen –, lasse ich den Blick schweifen über die Sträucher und Bäume, hoch hinauf in den Himmel. Tiefblau ist er heute, keine Wolke zu sehen. Da – ein Kondensstreifen. Ich folge dem Verlauf mit den Augen, am Ende zerfasert die helle Spur, um sich allmählich aufzulösen. Der stählerne Vogel – wohin mag er wohl fliegen? Meine Gedanken reisen mit, die Kraniche kommen mir in den Sinn. Für den Schutz dieser majestätischen Vögel und deren Überwinterungsareale in Spanien gelang es mir vor Jahren, mit der Aktion »Natur ohne Grenzen« die Deutsche Lufthansa zu gewinnen und ein Netzwerk für den Schutz von Lebensräumen, zum Teil begleitet vom ZDF, zu fördern.

Ja, Wildvögel haben mich – wie überhaupt die Natur – schon immer fasziniert. Und wie auf Bestellung ist Federle wieder da, etwas ungnädig, wie mir scheint. Noch Baguette da? Sie wirft mir einen schmelzenden Blick zu – so empfinde ich das. Dann hüpft sie zielstrebig zur Futterquelle. Ich lasse sie gewähren und bin gedanklich in meiner Jugend angekommen.

Im Alter von zwölf Jahren bastelte ich die ersten Nistkästen und hängte sie in Opas und Omas Obstwiese auf. Dann später sammelte ich ornithologische Daten im Rahmen von internationalen Wasservogelzählungen, dokumentierte zusammen mit meinem Freund Wolfgang die Entwicklung der Vogelbestände im Rahmen einer der ersten nach ökologischen Kriterien erfolgten Fluss-Baumaßnahmen. Im Alter von 14 Jahren erfasste ich die Mehl-

schwalbenbestände meiner Heimatgemeinde und warb erfolgreich beim Bürgermeister für die Verteilung von Kunstnestern im Ort, nachdem das damals berühmte »Schwalbennesterhaus« der Verbreiterung der Ortsdurchfahrt zum Opfer fiel. Die Aufforderung des Bürgermeisters »Schreib doch was für's Mitteilungsblatt über unsere Schwalben« war dann der damals von mir nicht so empfundene Start für meine publizistischen Tätigkeiten. Auch später begleitete mich bei der internationalen Naturschutzarbeit das Thema Vögel. Im Norden Israels und an der Grenze zum Südlibanon hatte ich Kraniche im Arm, die von einem israelischen Ornithologenteam mit Sendern ausgestattet wurden, um auch dort mehr über das Zugverhalten und die Rastareale dieser majestätischen Vögel an der Ostroute ihrer Wanderstrecken herauszufinden. Im Rahmen internationaler Wasservogelzählungen sammelte ich Daten an Stauwehren und Seen von Enten, Gänsen, Tauchern, Kormoranen, Teich- und Blässhühnern. Bei all diesen Initiativen ist es mir nie passiert, dass mich eine einzelne Vogelart, ja sogar ein einzelner Vogel so in Beschlag genommen, so fasziniert und berührt hat wie die zugeflogene Spatzendame Federle. Vielleicht liegt das an der ganz direkten, haut- oder besser federnahen und täglichen Begegnung. – Kann sie Gedanken lesen? Sämtliche Krümel sind verputzt, und Federle nimmt noch einmal Blickkontakt zu mir auf. »Vielleicht geht er ja in die Küche und holt ***uns*** *ein weiteres Stück Baguette.« Täusche ich mich, oder guckt sie mich geradezu liebevoll an? In meinem tiefsten Innern sträube ich mich gegen solche Gedanken. Tiere* *will ich ja nicht vermenschlichen; aber mein Gefühl ist auch ein Teil der Natur – meiner Natur.*

Jahre später, als ich mich ganzheitlichen Naturschutzkonzepten und nachhaltigen Regionalentwicklungsprojekten erst in verschiedenen europäischen Regionen, dann zunehmend in Südostasien widmete, rückte das ornithologische Engagement in den Hintergrund. Immer mehr wurde mir klar, dass der Schutz ganzer Lebensräume – Wissenschaftlicher sprechen vom ökosystemaren Ansatz – letztlich auch die dort vorkommenden Tier- und Pflanzenarten schützt. Dennoch braucht es immer wieder Tierarten als Leitfiguren, die symbolisch für ganze Ökosysteme stehen. Bei unseren Projekten zur Wiederaufforstung abgeholzter Regenwaldbereiche in Südostasien ist dies der Koboldmaki, für die weitläufigen, parkähnlichen Steineichenwälder der Extremadura in Spanien steht der Kranich und bei unseren NatureLife-International-Projekten vor der eigenen Haustür zur Erhaltung letzter Naturoasen in verschiedenen Tälern ist es der Eisvogel.

Auch wenn der Spatz nicht so attraktiv aussieht wie die genannten Arten, ist er für mich – erst recht nach dem Spatzensommer mit Federle – das Symbol schlechthin für lebendige Natur in Dorf und Stadt. Eine Natur, die nur mit Liebe zum Geschöpf – ohne es zu vermenschlichen – bewahrt werden kann. Doch es ist gar nicht so einfach, den »gesunden, ökologisch korrekten« Abstand zu wahren, wenn man vom lieben Tierchen in den Bann gezogen wird. Federle, die einfach auf die Schulter fliegt, meinen Arm entlangläuft, auf der Hand sitzt und mich so süß anblickt. Es war dieser süße Blick, der teilweise auch meinen Verstand aussetzen ließ – denn was (und wen!) setzte ich nicht alles in Bewegung, um sicher zu sein, dass es Federle gut ging! So organisierten wir einen »Besuchsdienst« von Oma und Opa für Tage, an denen wir nicht zu Hause waren. Und tatsächlich: Nach ersten Probezeiten zeigte sich, dass sich das Spatzenmädchen auch auf andere Menschen einstellen konnte. Über mehrere Tage hinweg flog es herbei, wenn der »Pflegedienst« auftauchte.

Mit jedem Tag, an dem ich Spatzenbesuch hatte, mit jedem Tag, an dem ich die Erlebnisse reflektierte, wurde mir klar, dass ich etwas erlebte, das in unserer Zeit etwas ganz Besonderes geworden ist. Denn viele Menschen haben nicht mehr die Möglichkeit, Wildtiere in der eigenen Umgebung zu beobachten. Nicht weiter schlimm, könnte man denken, denn ich konnte in meiner Heimat, der Landschaft rund um die Schillerstadt Marbach am Neckar, auch keine Störche mehr beobachten, die für meine Mutter, meine Oma und deren Vorfahren noch zum selbstverständlichen Kindheitsrepertoire gehörten, da die Vögel regelmäßig das mächtige Nest auf dem Kirchendach bezogen. Ich erlebte nur noch das leere Nest, und auch dieses wurde wenige Jahre später entfernt. Wer Tiere in der Landschaft, im Dorf oder in der Stadt aber nicht erlebt hat, der wird sie auch nicht vermissen. »Ist das eigentlich schlimm? Wir leben doch ganz gut, und die Saurier sind ja auch ausgestorben.« Solche Aussagen höre ich oft, wenn sich das Gespräch um Natur, Klima und Umwelt dreht. Dann antworte ich: »Nicht nur für mich, sondern für uns alle ist das sehr schlimm!« Die Störche sind große, auffällige Vögel, und zumindest diejenigen von uns, die das Verschwinden solch auffälliger Arten erleben, sind sensibel dafür. Aber was ist mit all den anderen Arten, die unscheinbarer sind und die – nur von ein paar Spezialisten bemerkt – aus Feld, Wald und Flur verschwinden? Solche Feldvögel wie Grauammer, Wiesenpieper oder Feldschwirl etwa. Auch die früher allgegenwärtigen Spatzen sind heute bedroht.

Wer Tier- und Pflanzenarten und auch ihre Lebensräume nicht mehr kennt, wird sie auch nicht vermissen, wenn sie nicht mehr da sind. Das aber ist gefährlich für unsere Demokratie, so meine ich. Denn der Rückgang von Tier- und Pflanzenarten oder deren völliges Verschwinden zeigt an, dass etwas im jeweiligen Lebensraum nicht mehr stimmt, dass die Umweltbedingungen schlechter werden – und die können auch für uns Menschen schlechter werden. Wer aber nicht weiß, was in seinem unmittelbaren Einflussbereich in der Natur vor sich geht – und das ist bei anderen Themen nicht anders –, kann auch von seinen demokratischen Rechten nicht Gebrauch machen. Kann nicht von den Entscheidungsträgern in Politik, Verwaltung und Wirtschaft einfordern, dass sie etwas gegen die bedenkliche Entwicklung unternehmen und Fehlentwicklungen abstellen sollen. Nach dem Motto »Nur wer Natur kennt, kann die Umwelt auch schützen« ist für mich Naturerziehung und Umweltbildung deshalb der Schlüssel für eine zukunftsorientierte Gesellschaft. Diese Umweltbildung muss mit Naturerlebnissen anfangen. Dies ist auf dem Um-Weg über Laptop, Mobiltelefone, verschiedene Apps und

Social-Media-Plattformen ganz einfach nicht machbar. Eindrückliches Erleben setzt auch persönliche Begegnung voraus – und bringt Gedankengänge in Bewegung, denen schlussendlich hoffentlich auch Taten folgen. So sehe ich Spatzen, die ich schon immer faszinierend fand, seit meinen Erlebnissen mit Federle noch einmal in ganz anderem Licht. Plötzlich stelle ich – viel aufmerksamer als früher – fest, dass es da nur wenige, dort keine Spatzen gibt. Traurig, aber wahr: Das Verstummen der Natur macht auch vor den sonst so lauten Spatzen nicht halt. Und schaue ich heute aus dem Fenster, erfasst mich eine leise Wehmut und ich denke jedes Mal ganz automatisch an Federle, wie sie auf- und abflatterte und mich nervte, sobald ich das Haus verließ. Der Zauber hält an …

LAUSIGE ARCHITEKTEN – WOHNUNGSNOT BEI SPATZEN

Ein Spatzennest sieht aus wie eine hastig zusammengestoppelte Kugel mit Einschlupf im oberen Bereich. Sie besteht aus trockenen Gräsern und Zweigen und einer Auspolsterung aus Halmen, Heu und Federn. Man hat Nester entdeckt, die viele Hundert winziger Daunenfedern als weiche Unterlage für die Küken enthielten. Manchmal findet man jedoch Reste von Papiertaschentüchern und undefinierbare Plastikstückchen. Tierhaare dienen dem Nestbau und sind für die Inneneinrichtung unabdingbar. Eine Freundin hat mir erzählt, dass die Spatzen der Umgebung immer darauf gewartet haben, dass sie das Fell ihres Hundes ausbürstete. Sie standen quasi Schlange, um die Haare büschelweise davonzutragen. Manchmal war die Last so schwer, dass der Transport buchstäblich auf der Strecke geblieben ist. Dann stritt eine ganze Spatzenbande um die verlorene Ladung. Meine pferdeverrückte Patentochter Anna hat die Haare ihres Lieblingsponys sofort in einem heruntergefallenen Spatzennest identifiziert: »Die Haare sind ja von Böckchen, der nebenan auf der Koppel steht.« Sie meinte, die

Spatzen sogar dabei beobachtet zu haben, wie sie aktiv Haare aus dem Nacken des armen Pferdes gezupft haben. »Ich habe alles gesehen«, betonte sie immer wieder wie Agentin 007. Tagelang hat sie sich gefragt, warum Spatzen das arme Pony ärgerten. Jetzt war das Rätsel gelöst: Die Pferdehaare dienten als Kissen für die Küken.

Spatzen verbauen einfach alles, was im Umkreis von bis zu 50 Metern vom Nest entfernt zu finden ist. Das wichtigste Kriterium bei der Auswahl des Baumaterials: Die Nistmulde soll für die Küken schön weich und kuschelig ausgepolstert sein. Das Weibchen kümmert sich intensiv um die Feinarbeiten, während das Männchen für die Beschaffung der gröberen Baumaterialien wie Halme, Zweiglein und Gräser zuständig ist.

LAGE, LAGE, LAGE

Auch bei Haussperlingen zählt nicht nur die Inneneinrichtung, sondern vor allem die Lage der Immobilie. Bevorzugt werden Nistplätze, die in einer Höhe von etwa sechs bis acht Metern geschützt vor Störenfrieden und Fressfeinden liegen. Das haben Spatzenforscher beobachtet. Von dort oben hat man einen guten Überblick und lebt mit der jungen Familie relativ sicher vor Nachbars Katze. Gibt es in unmittelbarer Umgebung ausreichende Möglichkeiten für die Jagd auf Insekten, ist die Lage perfekt. Der Nachwuchs reißt ja ständig den Schnabel auf, damit die Vogeleltern etwas zu fressen hineinstopfen.

Spatzen sind lausige Architekten. Wer das Nest der afrikanischen Verwandtschaft anschaut, versteht sofort, was ich meine. Webervögel bauen in Afrika ganze Paläste. Die aufwendigen Wohnanlagen sind wesentlich sorgfältiger gebaut. Die Nester sehen aus wie Kunstwerke; fein gewoben und aus biegsamen Pflanzenfasern zu einer Art Hänge-Haus geflochten. Die Knotentechnik erinnert ein wenig an die Makramee-Basteleien, die früher in Volkshochschulen gelehrt wurden. Manchmal sieht man im südlichen Afrika gigantische Gemeinschaftsnester, die sich wie Verteidigungsanlagen über ganze Baumkronen ausstrecken.

Auch die niedlichen Nestkugeln der Meisen sind nicht mit den unschön zusammengeschusterten Nestern der Spatzen zu vergleichen. Spatzennester erinnern ein wenig an eine Müllhalde. Ich habe schon Abfälle, wie die Reste einer FFP-2-Maske, undefinierbare Schaumstoffteile, Verpackungsmaterialien und Plastikschnüre in Nestern gefunden. Aber auch natürliche Baustoffe wie Lehm findet man in den Spatzennestern, sowie auch frische Blätter der Schafgarbe, die wohl – so meinen manche – Parasiten fernhalten sollen.

Mit dem Nestbau beginnen Spatzen teilweise schon im Herbst, obwohl die Hochsaison der Balz und Brut ja erst im Frühjahr richtig losgeht. Wenn es aus irgendeinem Grund im aktuellen Jahr nicht zum Nestbau gekommen ist, fängt das Männchen möglichst früh an zu bauen. Geht es um den Hausstand, gibt es oft schon in der Bauphase Ehestreitereien. Nicht alles, was Herr Spatz so anschleppt, wird von ihr auch akzeptiert. Bei Nichtgefallen wirft sie den ganzen Plunder schon mal demonstrativ aus dem Nest auf den Boden. Das ist für ihn eine deutliche Ansage und er macht sich erneut auf die Suche. Alles, was verbaut wird, soll leicht zu reinigen sein. Verschmutztes Nistmaterial wird später einfach über die Kante aus dem Nest geworfen. Trotz des Geschreis und Theaters beim Nestbau sieht das Traumhaus am Ende eher wie eine zusammengezimmerte Bruchbude aus. Familie Spatz ist nicht anspruchsvoll. Am einfachsten ist der Nestbau natürlich, wenn man nicht selbst baut, sondern sich wie ein Hausbesetzer verhält und bei anderen Vögeln mietfrei einzieht. Es gibt Storchennester, die ganze Spatzenkolonien als Untermieter haben.

DER SPATZ IST EIN BERLINER

Menschen lieben Spatzen – und umgekehrt. Doch der Spatz, der früher jede Lücke unter den Dachziegeln für den Nestbau in den Siedlungen der Menschen nutzen konnte, bleibt heute oft obdachlos. Denn der Höhlenbrüter findet kaum noch geeignete Nistmöglichkeiten in den Städten. Je reicher, moderner und hipper eine Stadt ist, desto geringer ist das Angebot an geeignetem Wohnraum und Nahrung für Spatzen. Durchgestylte Städte wie Hamburg oder Frankfurt mit glatten Fassaden aus Glas, Stahl und Beton eignen sich nicht zum Nestbau. Alles ist energieeffizient, klimafreundlich und deshalb lückenlos verkleidet. Wie soll das Nest da an den glatten, geschlossenen Fassaden halten? Sterile Städte sind dem Spatzen ein Graus. Das ist nur ein Grund, warum der Spatzenbestand etwa in der Hansestadt Hamburg nach Schätzungen der Deutschen Wildtier Stiftung in den letzten 30 Jahren um 80 Prozent zurückgegangen ist. Berlin dagegen ist arm, aber sexy – wie der damalige Regierende Bürgermeister Klaus Wowereit zu sagen pflegte. Und genau das ist perfekt für den Spatz: Wenn Geld für die Renovierung fehlt, findet er leichter Nistplätze in maroden Mauern, Ritzen und Löchern, Ruinen und heruntergekommenen Häusern. Außerdem gibt es in Berlin (noch) wilde Brachflächen, verlassene Fabrikgelände, große Parkanlagen und Friedhöfe.

Denn auch wenn das Nest gebaut ist, hören die Probleme ja nicht auf. Wilde Gärten sind für Spatzenfamilien wie Supermärkte, wo es hinreichend Kükennahrung gibt. Und was brauchen Jungvögel, um zu überleben? Viele Tausend Insekten! Fehlt es an proteinreichen Raupen, Käfern, Spinnentieren und anderen Krabblern, verhungert der Nachwuchs im Nest. Wer unterernährt ist, wird schnell krank und kann den harschen Lebensumständen nicht trotzen. Auch bei Spatzen heißt es nach der darwinschen Evolutionstheorie: »Survival of the Fittest«.

STÄNDIG HUNGRIGER NACHWUCHS

Was da nach 14 Tagen Brutzeit nackt im Nest liegt, ist ständig hungrig und wohl kaum mit dem Adjektiv »niedlich« zu bezeichnen. Die Nestlinge sehen mit ihren struppigen Federn einem Punker bald nicht unähnlich. Die geschlossenen Augen ähneln einer beschlagenen Taucherbrille. Aus etwa fünf winzigen, weißlichen Eiern mit braunen Flecken sind die Küken geschlüpft. Sie sind splitternackt, blind und kaum größer als ein Stückchen Würfelzucker. Sind die Altvögel unterwegs, um unentwegt Insekten zu fangen und zum Nest zu transportieren, herrscht absolute Stille im Nest. Die Küken sind kaum wahrnehmbar und verharren regungslos. Das ist eine überlebenswichtige Schutzstrategie, damit keine Prädatoren auf die Küken aufmerksam werden. Doch kaum nähert sich ein Altvogel dem Nest, werden die Küken quicklebendig. Auch wenn ihre Augen noch geschlossen sind, nehmen sie die fütternden Eltern wahr; eine leichte Berührung des Nestes reicht aus und schon betteln die Jungvögel, indem sie die Köpfe senkrecht aus dem Nest strecken und unentwegt die Schnäbel aufsperren. Nachdem die Nahrung in den Küken verschwunden ist, verstummen die Vielfraße nur kurz, um wenig später wieder mit Bettellauten auf ihren scheinbar unstillbaren Appetit aufmerksam zu machen. Nestlinge, die ihren Schnabel nicht instinktiv aufsperren, werden auch nicht gefüttert und verhungern.

Die fütternden Eltern sehen einen grellgelben Rachen, der verbunden mit den Bettelrufen einen starken Schlüsselreiz auf sie ausübt. Die Intensität dieses Farbflecks hängt stark vom Ernährungszustand des Jungvogels ab. Generell kann man sagen: Je hungriger das Küken ist, um so auffälliger und greller ist der Farbfleck. Beim Rotkehlchen ist es ein kräftiges Gelb und bei Mönchsgrasmücken ein leuchtendes Rosa. Alle Nesthocker haben wie der Spatz auffällig gezeichnete, wulstige Schnabelränder. Beim Spatzennachwuchs sind diese Ränder gelb.

Der Fütterungstrieb ist stark ausgeprägt und hat mit Elternliebe wenig zu tun. In Versuchen konnten Wissenschaftler nachweisen, dass auch künstlich nachgebildete Schnäbel gefüttert werden. Für die Nachbildung war nicht viel Aufwand nötig. Es reichte vollkommen aus, wenn die Vögel den Farbfleck und die gelben Schnabelränder sahen. Sie können dem Schlüsselreiz nicht widerstehen und füttern auch die künstliche »Luke«.

Die Entwicklung geht rasend schnell voran. Wenn die gelben Ränder am Schnabel verschwinden, ist der junge Spatz flügge. Die Jungvögel sind den Weibchen nicht unähnlich, aber das Gefieder ist etwas heller. Die Köpfchen sind grau-braun gefiedert; hinter den Augen haben sie einen hellen Streifen. Sind die Jungvögel ausgeflogen, ist der Job für Mama Spatz anfangs keineswegs beendet. Oft sitzt der pummelige Nachwuchs irgendwo auf dem Boden und sperrt den Schnabel auf, bis sie einen Happen hineingesteckt bekommen.

Zwei Wochen nach dem Schlüpfen wird es nämlich eng in der Kükenkinderstube und im Nest ist kaum noch Platz. Die Küken sind fett und fast flügge; 16 Tage nach dem Schlüpfen machen sie die ersten Flugversuche und verlassen das Nest. Jetzt wechseln sie von der Lebensphase des Nesthockers zum Asthocker oder Ästling. Damit beginnt eine besonders gefährliche Zeit für alle Jungvögel.

Die Flugkünste sind eher bescheiden, das Absturzrisiko ist groß und nicht selten sitzt ein Bruchpilot auf der Straße und ruft herzzerreißend. Oft warten Fressfeinde wie Krähen oder Elstern, aber auch Katzen und Ratten auf die leichte Beute. Erst eine Woche nachdem das Spatzenkind das Nest verlassen hat, wird es allmählich unabhängig. Es mausert sich und sucht zum ersten Mal allein Futter.

Haus- und Feldsperlinge brüten von April bis August. Altvögel beginnen manchmal schon im März mit dem Nestbau und kommen auf bis zu vier Bruten pro Jahr. Jüngere Spatzeneltern bauen meist erst Mitte/Ende April ihr Nest und bringen es dann auf zwei bis drei Bruten.

Die Eier im Nest sind übrigens selten gleich groß. Wissenschaftler der Norwegischen Universität für Wissenschaft und Technologie in Trondheim wissen, warum das so ist. Sie untersuchten im Zeitraum von 2003 bis 2009 die Gelege unterschiedlicher Spatzenpopulationen und kamen dabei zu einem erstaunlichen Ergebnis: »Big« mag zwar »beautiful« sein, ist aber nicht immer von Vorteil. Die Strategie der Natur gegen eine hohe Kükensterblichkeit direkt nach dem Schlüpfen führt zu einem früheren Tod der Dicken, wenn sie ausgewachsen sind.

Große Eier mit einem Mehr an Fett und Proteinen sichern zunächst zwar gleich nach dem Schlüpfen das Überleben, aber die Küken aus den kleinen Eiern sind letztendlich im Vorteil, wenn sie den mageren Start ins Spatzenleben überlebt haben. Sie sind später einfach gesünder. Die Forscher haben festgestellt, dass die Dicken durch ihren Quickstart ins Leben zwar relativ gut durch die Kükenkindertage kommen, aber in den Körperzellen ein hoher oxidativer Stress dafür sorgte, dass aggressive Sauerstoffverbindungen die Zellen angriffen. Das wiederum begünstigte Krankheiten und trieb den Alterungsprozess voran. Der Preis für gute Startbedingungen ist also ein kürzeres Leben. Die Küken aus den kleinen Eiern haben diesen oxidativen Stress nicht; einmal ausgewachsen, sind sie gesünder und fitter, wenn sie die Kindheit überlebt haben.

ÜBERLEBEN IST GLÜCKSACHE

Singvogeleltern fliegen bis zu 400-mal am Tag zum Nest, um die Küken zu füttern. Bei all der Hektik ist schnell ein Unglück geschehen, und schon landet ein halb nacktes Küken auf dem Boden. Doch nicht jeder Jungvogel, der aus dem Nest gefallen ist, ist gleich ein Notfall. Oft behalten die Altvögel den Bruchpiloten durchaus im Auge und nehmen Rufkontakt auf. Außerdem füttern sie auch außerhalb des Nestes weiter. Deshalb macht es durchaus Sinn, den Flugschüler dort zu belassen, wo er so unglücklich gelandet ist. Befindet er sich in einer misslichen Lage, kann man ihn getrost vorsichtig in die Hand nehmen und aus der Gefahrenzone bringen. Es ist ein weitverbreiteter Irrtum, dass Vogeleltern den Nachwuchs verstoßen, wenn ein Mensch das Küken in der Hand gehabt hat. Der Geruchssinn der Vögel ist nicht so hoch entwickelt, dass sie den Menschengeruch als bedrohlich wahrnehmen können. Das ist den wenigsten Tierfreunden bekannt. Man kann sogar ein Ammennest für die Vogelwaisen suchen. Gerade Koloniebrüter wie der Spatz kümmern sich auch um verwaiste Jungvögel, deren Eltern ein Unglück zugestoßen ist. Es kommt nicht selten vor, dass die Waisen von den Nachbarn mitgefüttert werden; der Reiz zu füttern ist einfach sehr groß. Spatzen ziehen sogar fremde Vögel auf. Der Fütterungstrieb ist derart stark ausgeprägt, dass sie selbst Meisenküken füttern, wenn zufällig ein Nest in der Nähe ist. Ist der eigene Nachwuchs allerdings zu schwach oder krank und gebrechlich, lassen Vogeleltern keine Gnade walten: Wer nicht überlebensfähig ist, wird rigoros aus dem Nest gestoßen. In guten Spatzenjahren mit ausreichendem Nahrungsangebot und idealen Witterungsbedingungen können bis zu vier Bruten aufgezogen werden. Nur die Gesunden und Kräftigen sollen durchkommen. Das Leben in einer Spatzenfamilie ist eben nichts für Weicheier.

Wie andere Wildtiere fallen auch Spatzen in der Stadt häufig dem Autoverkehr zum Opfer. Ein gewagtes Flugmanöver, ein unbedachter Landeanflug oder eine falsch eingeschätzte Geschwindigkeit können tödlich enden. Unter allen Wildtieren haben Großstadtspatzen den höchsten Anteil an Verkehrstoten. Wird das Küken flügge und landet beim ersten Verlassen des Nestes auf der Straße, kommt es oft einfach unter die Räder oder steht auf dem Speiseplan von Elstern, Krähen und anderen größeren Vögeln. In Deutschland verenden laut Statistik des Deutschen Jagdverbandes über eine Viertelmillion Wildtiere im Straßenverkehr. Gezählt wird nur Schalenwild. Doch neben Rehen, Rot- und Schwarzwild sterben auch Hasen, Füchse, Dachse und Vögel, die nicht erfasst werden. Niemand zählt verunglückte Spatzen. Aber es kann davon ausgegangen werden, dass es Tag für Tag viele Tausend sind.

KLEINER SPATZ – WAS NUN? HILFE FÜR BRUCHPILOTEN

Wer die Verantwortung für die Aufzucht von Jungvögeln auf sich nehmen will, muss sich auf einen Fulltime-Job einstellen. Küken brauchen vom frühen Morgen bis zum späten Abend etwa alle 30 Minuten etwas zu fressen. Nicht jeder Nestling ist gleich ein Notfall. Geht die Rettung per Handaufzucht schief, endet die gut gemeinte Hilfsaktion für das Vogelkind ohnehin tödlich. Spatzenküken durchzubringen ist eine komplizierte, sehr aufwendige und oft auch teure Angelegenheit. Sie brauchen wie alle Nestlinge vitamin- und mineralstoffhaltige Futterzusätze aus dem Zoogeschäft, denn die Nahrung muss auf schnell wachsende Jungvögel zugeschnitten sein. Oft muss der Tierarzt zur Unterstützung hinzugezogen werden.

Es gibt goldene Regeln, die beim Füttern überlebenswichtig sind:

- Nur abgetötete Insekten füttern
- Alle spitzen Körperteile wie etwa Widerhaken bei Grashüpfern entfernen
- Keine giftigen Insekten wie Bienen oder Ameisen füttern
- Keine Insekten füttern, die leuchtende Farben haben (z. B. Marienkäfer)

- Keine Regenwürmer füttern, wenn die Vögel noch nicht selbst fressen
- Niemals Insekten verfüttern, die bereits länger tot sind und sich verfärbt haben
- Niemals Wasser einflößen, sondern bei Hitze einzelne kleine Wassertropfen geben
- Tiefgefrorene Insekten aus der Zoohandlung auftauen
- Größere Insekten mit dem Kopf zuerst verfüttern

Was tun, wenn man einen solchen Bruchpiloten findet? Wichtiges Kriterium bei einer eventuell notwendigen Rettungsaktion ist der Blick auf das Federkleid. Fehlen die Federn ganz oder hat der Unglücksflieger nur ein paar nackte Stellen am Körper? Bei ganz nackten Küken muss schnell gehandelt werden, denn sie verlieren rapide an Körpertemperatur. Das kommt meist einem Todesurteil gleich. Oft können sie noch nicht auf ihren Beinchen stehen, fallen immer wieder um und sind Fressfeinden hilflos ausgeliefert. Ohne ausreichende Nestwärme und die Hilfe der Vogeleltern ist ein solcher Jungvogel des Todes. Die größte Überlebenschance hat er im eigenen Nest, wenn er unverletzt ist. Befindet sich das Nest nicht gerade in schwindelnder Höhe, sollte man das Küken in das Nest zurücksetzen. Man wartet damit am besten, bis die Altvögel auf Futtersuche sind. Dabei ist es wichtig, die anderen Nestbewohner nicht zu erschrecken. Wenn der Rest der Familie vor Panik auch aus dem Nest hüpft, hat man schnell mehrere Sorgenküken. Es gibt natürlich Vogelschicksale, die einer ausweglosen Situation gleichkommen. Sei es, dass ein Unwetter das Nest zerstört hat oder die Vogeleltern ums Leben gekommen sind. Wer sich jetzt entscheidet, das Küken zu retten, muss zunächst dafür sorgen, dass es nicht auskühlt. Am besten wendet man sich an eine Vogelauffangstation oder den Tierarzt, um weitere Schritte zu besprechen. Bei verletzten Jungvögeln ist auf jeden Fall ein Veterinär hinzuzuziehen. Auch wenn die Verletzung verheilt und eine Behinderung zurückbleibt, ist die Überlebenschance in der Natur eher gering.

Hüpft ihnen dagegen ein gesund wirkender Jungvogel im struppigen Federkleid auf zwei Beinen entgegen, ist zu vermuten, dass er bei seinem ersten Ausflug eine Bruchlandung hingelegt hat. Wenn er jetzt nicht in unmittelbarer Gefahr ist – das heißt auf der Straße hockt oder von Nachbars Katze beobachtet wird –, kann man den Flugschüler dort lassen, wo er gelandet ist. Muss er umgesetzt werden, sollte man ihn nicht weiter als 20 Meter vom Fundort entfernt platzieren. Das ist ein Umkreis, in dem die Vogeleltern ihn suchen und sich um ihn kümmern. Bis zu 24 Stunden fahnden Vogeleltern nach dem Nachwuchs; erst danach geben sie auf. Wer auf Nummer sicher gehen will, kann die Situation aus der Entfernung eine Weile beobachten und auf die Vogeleltern warten.

MENSCHEN BAUEN FÜR SPATZEN

Hier gibt es wenige, aber durchaus wichtige Kriterien zu beachten. Wer für Spatzenfamilien eine Immobilie schaffen will, sollte bedenken, dass der kleine Vogel gesellig ist und am liebsten in Kolonien brütet. Natürlich ziehen Spatzen in Anbetracht der Wohnungsnot auch in einzelne Nistkästen (so etwa der Feldsperling), aber lieber ist es ihnen, wenn andere Paare gleich nebenan wohnen und ihren Nachwuchs großziehen. Unterm Dach lässt sich eine Art soziale Wohnanlage für die Koloniebrüter anbringen, wenn man gleich mehrere Nisthilfen nebeneinanderhängt. Es gibt sogar Koloniekästen aus Holzbeton – ein Baumaterial, das wesentliche Vorteile hat. Die Nistkästen aus Holzbeton, wie sie von der Firma Schwegler in Schorndorf entwickelt und von vielen Naturschützern erprobt wurden, sind widerstandsfähiger und langlebiger als Holzkästen. Außerdem bleiben die Temperaturen im Innenraum länger stabil, was den Jungvögeln nur Vorteile bringt.

Holzhäuschen sind im Gegensatz dazu deutlich preiswerter. Eine Spatzenvilla aus Holz kostet zwischen 20 und 40 Euro, bei Holzbeton müssen wir tiefer in die Tasche greifen und mindestens mit dem Doppelten rechnen. Das Anbringen von Holzhäuschen ist wegen des geringeren Gewichtes oft einfacher. Auf Nistkästen aus Plastik sollte man generell verzichten. Sie kühlen im Winter schneller aus und heizen sich im Sommer gefährlich auf. Es kann sich im Innern außerdem leicht Schwitzwasser bilden, welches wiederum einen idealen Nährboden für Bakterien und Schimmel bietet und das Überleben der Küken durch Krankheitsausbrüche gefährdet.

Für den Vogelnachwuchs ist es optimal, wenn die Morgensonne auf den Nistkasten fällt; so wärmt sich der Nistplatz nach einer kühleren Nacht schneller auf und die Vogeleltern können unbesorgt auf die Suche nach Insekten gehen. Doch ein Nistkasten sollte niemals der Hitze des Tages – erst recht nicht der prallen Mittagssonne – ausgesetzt sein! Heizt es sich im Innern zu stark auf, ist das Leben der Küken akut gefährdet. Sie können leicht einen Hitzschlag erleiden. Jungvögel trinken ja noch nicht: Sie ziehen all die Flüssigkeit, die sie brauchen, aus den Insekten, welche die Altvögel füttern.

Beim Installieren eines Nistplatzes sollte man auf die Himmelsrichtung achten. In Deutschland kommen Starkregen und Wind in der Regel aus Westen. Die kleinen Küken sind nicht nur gegen Hitze, sondern auch gegen Regen und Wind empfindlich. Deshalb macht es Sinn, das Einflugloch nach Osten oder Südosten auszurichten. Um den Kasten vor Regen zu schützen, hilft es auch, ihn leicht nach vorne geneigt aufzuhängen. Es sollte möglichst kein Regen ins Nest tropfen. Wer Nistkästen geschützt anbringt, kann sich über Nachwuchs freuen und beobachten, wie die Vogeleltern die Küken aufziehen. Als Mindesthöhe wird meist von zweieinhalb Metern gesprochen. Doch diese Höhe kann immer noch leicht von Katzen, Wieseln und Mardern überwunden werden.

Auch Eichhörnchen als Eier- und Kükendiebe sind eine Gefahr für Leib und Leben des Nachwuchses. Je höher und geschützter die Nisthilfen hängen, umso größer ist die Chance, dass aus Küken erwachsene Spatzen werden. Nicht traurig sein, wenn der Nistkasten in der ersten Brutsaison leer bleibt oder Meisen einziehen, obwohl man – wie empfohlen – einen Nistkasten mit einer Lochgröße von 32–34 cm Durchmesser aufgehängt hat. Je länger ein Kasten hängt, umso größer ist die Wahrscheinlichkeit, dass die Nisthilfe angenommen wird.

Es gibt keine wirkliche Saison, um eine Nisthilfe anzubringen. Wer sich entschließt, eine Spatzenimmobilie anzubringen, kann das im Frühling, aber auch im Sommer und im Herbst, ja sogar im Winter tun. Spatzen brüten außergewöhnlich lange und manchmal sieht man selbst Anfang September noch Jungvögel ausfliegen. Man kann also beim Anbringen von Nisthilfen nichts falsch machen. Spatzen sind flexibel bei der Wahl ihrer Nistplätze und immer anpassungsfähig. Doch sie mögen es besonders gern, wenn sie sich in der Nähe des Nestes auch verstecken können. Büsche oder Bäume, Hecken und Sträucher machen einen Nistplatz für Vögel deutlich anziehender. Als Alternative ist eine Fassadenbegrünung ideal. Ist diese blickdicht und katzensicher, nutzen gleich mehrere Vogelarten diesen natürlichen Brutplatz und fühlen sich auch ohne künstliche Nistkästen zu Hause.

Eigentlich brauchen Spatzen keine speziellen Nistkästen. Ein paar Bretter, die unter einer Dachrinne oder unter dem Giebel angebracht werden, reichen oft schon.

Sie nutzen ja sonst auch Ritzen und Löcher in Gebäuden. Fühlen Spatzen sich einigermaßen sicher und ungestört, sammeln sie – wo es das noch gibt – Stroh und Heu, Wolle und Federn sowie Haare und bauen ruckzuck ein Nest.

Sauberkeit im Spatzennest ist wichtig, damit sich keine Parasiten verbreiten. Der Hausputz ist allerdings erst dann angesagt, wenn die Vogelfamilie im Herbst ausgezogen und noch keine Gäste wie Fledermäuse, Schmetterlinge oder Bilche eingezogen sind. Oft reichen Besen und Schaufel. Manchmal ist ein Werkzeug ganz nützlich, mit dem man Vogelkot oder festen Dreck loskratzen kann. Wie ein Tatortreiniger sollte man sich selbst mit einem Mundschutz und Handschuhen schützen, denn auch Vogelflöhe und diverses anderes unangenehmes Kleingetier lebt oft in leeren Nistkästen – vor allem dann, wenn sie staubig und voller Kot sind. Chemikalien und allzu scharfe Reinigungsmittel sind tabu!

SCHÖN GRÜN! MUT ZU MEHR WILDNIS

Neubelebter, schon in den 1980er-Jahren propagierter Trend in Deutschland, Österreich, der Schweiz und Luxemburg: die Dachbegrünung. Dabei geht es auch um die Verbesserung der Luftqualität und den Klimaschutz. Denn Pflanzen verwandeln ja schließlich Kohlendioxid in Sauerstoff, binden Luftschadstoffe und sind Lebensräume für verschiedene Insektenarten, die wiederum auf der Speisekarte von Spatzen und anderen Vögeln stehen. Für uns Menschen lässt sich mit einer Dachbegrünung sogar das »Mikroklima« zwischen den Häusern einer Stadt beeinflussen. Doch das alles reicht am Ende nicht. Wir brauchen Mut zu mehr Wildnis. Städter fühlen sich wohl, wenn sie sich in Grünlagen erholen können; das Gleiche gilt auch für Wildtiere in der Stadt. In den Betonwüsten der Großstädte helfen viele grüne Mini-Oasen schon von der Größe eines Fußballfeldes. Werden obendrein Fassaden bepflanzt, schafft das nicht nur ein gesundes Wohnumfeld; es hilft auch den Tieren. Mittlerweile hat das auch die Politik begriffen. Die Bundesregierung will in den nächsten Jahren mehrere Millionen Euro investieren, damit die Städte grüner werden. Während Politiker noch am grünen Tisch planen, wird in einigen Kommunen schon gehandelt. Ein neues Wort aus dem Angloamerikanischen hat sich auch in Deutschland durchgesetzt: Urban Gardening. Die Städter haben das »städtische Gärtnern« entdeckt. Zwischen Beton, Stahl und Asphalt gibt es Stadtgartenprojekte, Bepflanzungen auf Brachflächen und Renaturierungsaktionen, um mehr Grünflächen zu schaffen – eine Bewegung, die bereits in den 1970er-Jahren in den USA aufkam. Stadtökologie mit Bürgern als freiwillige Gärtner helfen dem Stadtspatzen als fliegendem Nutznießer: An Stadtmauern ranken Wilder Wein und Efeu, vor dem Rathaus wachsen Kräuter in Blumenkästen und in der Fußgängerzone reifen Tomaten und Paprika. Urban Gardening ist mehr als städtisches Gärtnern: Säen, jäten und ernten wird vor allem in Berlin zum sozialen Projekt – der öffentliche Gemüsegarten wird zur Begegnungsstätte zwischen den Kulturen. Aber auch zwischen Menschen und Spatzen.

Jeder kann privat ganz individuell zum Gärtner in der Stadt werden, um Vögeln wie dem Spatzen einen Lebensraum zu schaffen. Sonnenterrassen eines Einfamilienhauses eignen sich ebenso gut wie ein Balkon im zehnten Stock, ein Nachbarschaftsprojekt auf dem Spielplatz nebenan oder dem Fleckchen Erde an einem Straßenbaum. Wer dabei etwas für Vögel, Wildbienen und Schmetterlinge tun will, verzichtet am besten auf Geranien und Züchtungen mit gefüllten Blüten in den Balkonkästen. Insekten brauchen Nektar und Pollen! Man kann selbst im Balkonkasten clever gärtnern: In Kräuterkästen wachsen frische und gesunde Gewürz- und Küchenkräuter wie Salbei, Borretsch, Thymian, Oregano und Zitronenmelisse und in Duftkästen Levkojen, Hornveilchen und Schleifenblumen. Dazu Kästen mit blauen Glockenblumen, gelbem Leinkraut und weißen Löwenmäulchen – alle diese Pflanzen sind wichtig für die Wildbienen, Schlupfwespen und Schmetterlinge. Es gibt Wildblumensaaten für den Balkonkasten mit Glockenblumenarten und Flockenblumen.

In so mancher Stadt sind Grasdächer eher aus Versehen durch Samenflug entstanden. Erst siedeln sich Flechten an, dann Moose. Eine Pflanzendecke auf dem Dach hat auch viele Vorteile für die Menschen. Ist es heiß, kühlt das Pflanzendach, bei Kälte isoliert die Pflanzendecke und hält die Innenwärme. Wer im Dachgeschoss wohnt, weiß, wie unerträglich die Sommerhitze sein kann. Grüne

Dächer haben noch einen weiteren Vorteil: Sie filtern Schadstoffe – vor allem Feinstaub – aus der Luft. Auch der Lärmschutz ist nicht zu unterschätzen. Bewachsene Fassaden dämpfen Geräusche und schlucken einen Teil des Verkehrslärms. Gewächse wie Efeu und Wilder Wein bilden mit den Jahren dicke Polster, die ein bisschen wie eine Lärmschutzwand funktionieren und im Herbst und Winter Früchte liefern, die bei Amseln und Singdrosseln begehrt sind.

KLETTERPFLANZEN – IMMER AUF DEM WEG NACH OBEN

Wer die dritte Dimension erobert und in die Höhe plant, tut dem Spatzen und vielen anderen Vögeln einen großen Gefallen. In der Renaissance gab es fast keinen Garten ohne Kletterpflanzen – und die Vögel haben das mit Gesang belohnt.

Fürs Gärtnern in luftigen Höhen eignen sich Kletterpflanzen natürlich besonders gut. Mit ihnen kann man sogar künstlerisch gestalten: Zäune und alte Schuppenwände lassen sich problemlos begrünen, Terrassen in blumige Sitzinseln verwandeln und der Ausblick auf das langweilige Nachbargrundstück kann mit einem grünen Klettervorhang ruckzuck verschönert werden. Auch hässliche Garagenfronten lassen sich so leicht kaschieren. Viele dieser Pflanzen verbreiten obendrein wundervolle Wohlgerüche – und sie sind auf dem Immobilienmarkt der Spatzen allererste Adresse.

Mit Spalieren, frei stehenden Klettergerüsten, Drahtseilen und Holzlatten ist beinahe alles möglich. Man kann montagefertige Kletterhilfen im Gartencenter oder Baumarkt erwerben oder Eigenkonstruktionen bauen. Nur bei der Fassadenbegrünung sollte man vorsichtig zu Werke gehen, denn Kletterpflanzen haben durchaus Zerstörungspotenzial. Sie stecken ihre kleinen Haftwurzeln gnadenlos in jede Ritze und sprengen auf Dauer selbst solide Außenwände. Schon winzige Risse im Putz werden genutzt, um ins Mauerwerk einzudringen. Also vorher Fachleute vom Bau konsultieren.

Wer das ganze Jahr grün sehen will, pflanzt am besten immergrüne Kletterkünstler wie Geißblatt oder Efeu. Für Farbfreaks gibt es eine Vielzahl von blütentragenden Rankpflanzen mit spektakulärem Aussehen im Angebot. Clematis und Blauregen tun sich da besonders hervor. Doch die Passionsblume ist sicher die mondäne Königin auf der Hitliste der Farbenfreudigkeit.

EXTREMKLETTERER UND IHRE AUSRÜSTUNG

Unter den Pflanzenkletterern gibt es wahre Extremsportler; das sind zum einen die Ranker, wie etwa der Echte Wein. Ranker arbeiten mit korkenzieherartigen, beweglichen, federnden Schlingen, die später verholzen. Sie halten sich an Gittern, Sprossen und Gerüsten fest. Für Ranker sind Kletterhilfen ideal. Selbstklimmer wie Wilder Wein brauchen keine Kletterhilfen. Sie arbeiten mit scheibenförmigen Haftwurzeln und wandern zum Erstaunen mancher Hausbesitzer völlig selbstständig sogar glatte Wände hoch – wie Spiderman im Kino. Spreizklimmer wie Kletterrosen oder der im Dezember/Januar blühende Winterjasmin haken sich einfach mit abstehenden Zweigen oder Dornen an anderen Pflanzen fest. Sie haben keine Haftorgane, aber kommen auf ihre Art auch ganz gut zurecht.

Schlinger oder Winder dagegen besitzen richtige Kletterorgane. Wie ein Schraubstock umschließen sie andere Pflanzen, Stämme und Äste und klettern problemlos senkrecht nach oben. Zu ihnen gehören der Blauregen und das Kleine Geißblatt. Es gibt übrigens Rechts- und Linkswinder.

Die meisten Kletterpflanzen wachsen sehr schnell; es scheint fast, als könne man ihnen dabei zuschauen. Man muss nur ein wenig auf ihre Bedürfnisse eingehen. Die meisten sind genügsame Selbstversorger. Aber manche mögen's heiß, andere wieder brauchen viel Feuchtigkeit, dürfen aber keine nassen Wurzel-Füße bekommen.

Der Rückschnitt ist wichtig und für viele Kletterpflanzen geradezu eine Kraftquelle. Dabei müssen die Profi- oder Hobbygärtner sehr genau zwischen Frühjahrs- und Sommerblühern unterscheiden. Während Letztere im Februar, spätestens aber im März, stark zurückgeschnitten werden, bekommen Frühblüher einen sanften Schnitt erst nach der Blüte verpasst. Beim Blauregen kürzt man die Jahrestriebe im August stark ein, um viele Blütenstände zu erhalten. Es mag radikal anmuten, die Pflanzen so heftig zu beschneiden. Aber es tut ihnen gut, gibt wieder Kraft und fördert die Blüten.

Je dichter die Fassade bewachsen ist, umso sicherer fühlen sich die Spatzen vor ihren Feinden, den Elstern, Krähen und Katzen. Sie finden genügend Insekten und können ohne Probleme ihren Nachwuchs aufziehen.

20 KLETTERKÜNSTLER FÜR BALKON, TERRASSE UND FASSADEN

Die Königin der Kletterpflanzen ist wohl die Passionsblume. Ihre Blüten sind so dominant und in allen Farben zu haben: Ob königliches Dunkelblau, kitschiges Pink, dramatisches Rot oder elegantes Weiß – im Malkasten von Mutter Natur stehen für die Passionsblume viele Farben zur Auswahl. Doch es gibt noch viele andere Schönheiten im Reich der Kletterpflanzen. Diese 20 zählen zu den wichtigsten; sie haben unter den Pflanzen Kletterkarriere im Garten gemacht.

Actinidia chinensis oder *Chinesischer Strahlengriffel* ist eine Liane mit cremig weißen oder orangefarbenen Blüten und langen herzförmigen Blättern. Sie braucht einen sehr sonnigen, windgeschützten Standort und kann bis zu 10 m hochklettern. Die eiförmigen Früchte (Kiwis) sind essbar. Man kann sie ungeschält naschen. Da die Pflanze sehr empfindlich auf Frost reagiert, muss sie im

Winter mit Stroh oder Reisig vor Kälte geschützt werden. Es gibt männliche und weibliche Pflanzen, um Früchte zu ziehen. Die Blüte startet Anfang Juni.

Aristolochia elegans, auch Gespensterblume oder Pfeifenwinde genannt, ist ein hervorragender Kletterer und perfekt für die Pergola geeignet. Die Pflanze braucht wenig Licht und fühlt sich im Halbschatten wohl, aber es muss ein windgeschützter Standort sein. Die großen kelchförmigen Blüten sind dunkelviolett und verströmen einen unangenehmen, aasähnlichen Geruch. Außerdem ist die Pflanze giftig; Kinder und Haustiere fernhalten. Blütezeit ist Juli bis September.

Beaumontia grandiflora oder Heroldstrompete wird wegen ihrer wunderschönen weißen, trompetenförmigen, länglichen Blüten und dem betörenden Duft gern gepflanzt. Sie mag sonnige Standorte und kann bis zu 8 m hoch werden. Die ovalen Blätter werden bis zu 25 cm groß, sie sind dunkelgrün. Die Heroldstrompete blüht im Frühjahr und kann auch als Busch gezogen werden, da die Triebe leicht verholzen. Doch Vorsicht: Die Pflanze ist giftig.

Bougainvillea wird auch als Drillingsblume bezeichnet. Das mediterrane Klettergewächs wird vor allem wegen der prallen Blütenpracht geliebt. Es gibt sie in Rot, Rosa, Gelb, Orange, Weiß, Violett und mit zweifarbigen Blüten. Die Kletterpflanze wird bis zu 5 m hoch und liebt sonnige Standorte, kann Staunässe allerdings überhaupt nicht vertragen. Vor Regen schützen. Trockenheit fördert sogar die Blütenbildung. Bougainvillea blüht von Mai bis weit in den September hinein.

Cissus rhombifolia, auch Klimme oder Russischer Wein genannt, ist ein Weinrebengewächs mit langstieligen, rhombischen Blättern. Sie liebt helle Standorte, kommt allerdings auch im Halbschatten klar. Es gibt unterschiedliche Arten, einige haben nur grüne, andere bunte Blätter. Es ist eine schnell wachsende Pflanze.

Clematis oder Waldrebe gibt es in über 300 Arten; die meisten blühen von Juni bis in den September hinein. Sie erfreuen sich wegen der prallen Blütenfülle und Farbenpracht großer Beliebtheit. Es gibt sie in allen Farben von Weiß bis Tiefviolett. Was den Standort angeht, ist die Clematis unkompliziert. Sie mag Sonne, gedeiht aber auch im Schatten. Es gibt Arten mit kleinen und großen sowie stark duftenden Blüten; ihre Formen sind sehr variantenreich – daher rühren so klangvolle Namen wie »Roter Kardinal«, »Mister President« oder »Prince Charles«.

Clerodendrum thomsoniae wird als Losbaum oder auch Schicksalsbaum bezeichnet, ist ein Verbenengewächs und gehört zu den Schlingsträuchern. Es gibt über 400 Arten. Die schneeweißen Blütenkelche enden in roten Kronen und sehen mit den dunkelgrünen Blättern außergewöhnlich dekorativ aus. Die Kletterpflanze mag hell bis halbschattig und schön warm stehen, blüht von Mai bis September und wird bis zu 3 m hoch.

Clianthus puniceus wird auch Papageienschnabel genannt. Die knallroten, zangenartigen Blüten erinnern an die Scheren eines Hummers. Die Engländer nennen sie deshalb auch Lobster's Claw (Hummerzange). Die Blätter sind immergrün. Die Pflanze wird knapp 4 m hoch und braucht einen sonnigen Standort. Sie blüht von Mitte Juni bis in den Herbst hinein.

Hedera helix ist der botanische Name für Efeu. Die immergrüne Kletterpflanze, die bis zu 20 m hochwachsen kann, blüht erst im September/Oktober als halbkugelige Dolde in unscheinbarem grünlich gelbem Farbton. Etwa 400 unterschiedliche Sorten mit sehr verschiedenen Blattformen und in vielen Farben wie Violett, Leuchtendgelb oder Glänzendgrün existieren heute im Fachhandel. Die Beeren sind giftig.

Humulus lupulus ist als Echter Hopfen bekannt und eine extrem schnell wachsende Pflanze, die auf sonnigen bis schattigen Standorten gedeiht und feuchten Boden braucht. Der Schlinger wird bis zu 10 m hoch, die Blätter sehen aus wie Weinblätter. Männliche Blüten sind unscheinbare Rispen, weibliche Kätzchen. Die Hopfenfrüchte sind hellgrün. Besonders schön wirkt Hopfen im Herbst, wenn er Früchte trägt.

Ipomoea rubrocaerulea ist als Prunkwinde bekannt. Die Schlingpflanze kann bis zu 3 m hoch werden und braucht im Frühjahr viel Wasser. Die kleinen, zarten Blüten sind trompetenförmig und blühen von Juli bis in den Oktober hinein. Die Blüten sind meistens hellblau, aber es gibt sie auch in Blau-Weiß marmoriert, Dunkelviolett und Karminrot. Sie blühen morgens am schönsten und werden deshalb von den Engländern »Morning Glory« genannt. Prunkwinden brauchen ein sonniges, windgeschütztes Plätzchen.

Jasminum nudiflorum ist als Winterjasmin oder Winterginster bekannt und blüht – wie der Name schon sagt – den ganzen Winter über von Dezember bis April. Die Knospen überstehen sogar Frost. Winterjasmin kann bis zu 2 m hochwachsen und ist anspruchslos, was den Standort angeht. Die kleinen, gelben Blüten duften nicht. Sie wachsen im Winter an den blattlosen Zweigen.

Laburnum wird wegen der hängenden goldgelben Blütentrauben Goldregen genannt. Eine Traube kann bis zu

20 cm lang werden und aus über 40 Einzelblüten bestehen. Die Pflanze ist kein klassischer Kletterer und wird bis etwa 6 m hoch. Doch Goldregen blüht von April bis Juni sehr prachtvoll und üppig, die Trauben vermitteln einen »hängenden« Eindruck. Der Strauch hat nur bescheidene Ansprüche an den Standort. Teile der Pflanze sind allerdings giftig. Sie können Kopfschmerzen, Schweißausbrüche und Schwindel auslösen.

Lonicera wird auch Geißblatt oder Heckenkirsche genannt. Es gibt über 200 Arten, die sich noch einmal in Sträucher und Lianen unterteilen. Das Gartengeißblatt (*Lonicera caprifolium*) gehört zu den Lianen. Geißblattarten sind wegen ihrer Blüten und des intensiven Duftes bei Gärtnern beliebt. Die Sorten, die es im Gartenfachhandel zu kaufen gibt, blühen in Weiß, Cremefarben, aber auch in Orange bis Blutrot. Manche Blüten duften nur nachts, andere auch am Tag. Einige Arten blühen von Juni bis in den Oktober.

Parthenocissus quinquefolia ist der botanische Name für Wilder Wein, der auch als Zaun- oder Jungfernrebe bezeichnet wird. Er eignet sich perfekt zur Begrünung von Mauern, Spalieren und Klettergerüsten, denn mit seinen Haftwurzeln findet er überall Halt. Die gefingerten Blätter sind bis zu 15 cm lang. Sie verfärben sich im Herbst dramatisch bis ins Purpurrote. Die grünlichen

Blüten sind dagegen unscheinbar. Die Lebenserwartung des Kletterers ist mit bis zu 50 Jahren außergewöhnlich hoch. Bei der Begrünung von Fassaden ist Vorsicht geboten: Wilder Wein kann erheblichen Schaden anrichten.

Passiflora, die äußerst beliebte Passionsblume, hat als Kletterpflanze Karriere gemacht; sie wächst mehrere Meter in die Höhe. Es gibt über 500 Arten. Die wunderschönen Blüten haben einen Durchmesser von bis zu 30 cm. Es gibt sie in nahezu allen Farben. Passionsblumen vertragen die volle Sonne, brauchen viel Licht und viel Wasser, aber Staunässe ist unbedingt zu vermeiden. Maracujas sind die essbaren Früchte einer bestimmten Passionsblumenart.

Periploca graeca wird als Orientalische Baumschlinge bezeichnet und ist ein schnell wachsender Schlinger. Die eiförmigen Blätter sind etwa 12 cm lang und dunkelgrün glänzend. Sie fallen im Herbst ab, ohne sich zu verfärben. Die kleinen gelblich grünen Blüten, die innen ins Bräunliche übergehen, sind eher unscheinbar. Sie blühen im Juli/August. Die Baumschlinge braucht warme Standorte. Sie wird bis zu 15 m hoch.

Polygonum baldschuanicum ist der botanische Name für Schlingknöterich. Er kann bis zu 10 m hochwachsen und ist mit Vorsicht zu pflanzen, da er erhebliche Schäden anrichten und sogar Dächer abdecken kann. Die Kletterpflanze ist genügsam, aber sie braucht viel Wasser – allerdings immer erst dann, wenn der Boden ausgetrocknet ist. Die hellgrünen Blätter sind herzförmig, im Spätsommer wachsen Blütenrispen mit winzigen weißen Blüten.

Thunbergia alata, die Schwarzäugige Susanne, ist eine Kletterpflanze mit vielen Blüten, die einen purpurfarbenen Schlund und eine goldgelbe Krone haben. Die langstieligen Blüten erscheinen von Mai bis Oktober. Die Pflanze mit den herzförmigen Blättern wird bis zu 120 cm hoch und bevorzugt sonnige Standorte. Sie muss immer ausreichend gewässert werden, verträgt aber keine Staunässe.

Vitis vinifera ist der botanische Name für die Weinrebe. Sie kann bis zu 20 m hoch werden, hat einen dicken Wurzelstock und einen holzigen Stamm. Die Blätter sind herzförmig, am Stiel eng zusammenstehend, drei- bis fünflappig und am Außenrand gezähnt. Die Weinrebe blüht von Juni bis August in dichten Rispen und braucht einen sonnigen Standort. An Hauswänden bevorzugt sie die Südseite. Sie trägt Trauben als Früchte.

WO WOHNT FEDERLE? – UNGLAUBLICH: EIN VOGEL IM SCHRANK

Im Nu hatte Federle mich und meine Familie erobert – und zwar innerhalb weniger Tage. Es sollte eine Beziehung werden, die zumindest von uns aus immer tiefer wurde und bald auch Nachbarn und Freunde, die zu Besuch waren, miteinschloss. Denn das Spatzenmädchen hatte sich uns, unser Haus, unseren Garten und die nähere Umgebung wohl ausgesucht, bettelte aber auch alle anderen an, die in unserer Nähe oder in der Nähe des Gartens waren. Insbesondere dann, wenn Besuch – durch unsere Erzählungen inspiriert – mit etwas eingeweichtem Kinderzwieback in der hohlen Hand den Arm ausstreckte. Nun war ich ohnehin in meinen Gefühlen gespalten – in den rational denkenden Naturschützer, der Tiere nicht vermenschlichen will, einerseits und dem irgendwie mitleidigen Tierfreund, der sich von der »ach so armen Kreatur« vereinnahmen lässt, andererseits. Ähnlich erging es wohl auch allen anderen Menschen, die mit uns zu tun hatten, denn in den folgenden Wochen und Monaten begann nahezu jedes Telefongespräch mit den Worten »Was macht denn Federle?«. Spaziergänger, die vorbeikamen, fragten: »Wir waren vorhin schon in der Nähe, haben aber euren Spatzen nicht gesehen – ist er nicht mehr da?« Natürlich war mir irgendwie klar, dass Federles Interesse an mir und auch an uns rein futtergesteuert war und dass wohl eine starke Menschenbindung bestand, weil sie als Pflegling von Hand aufgezogen wurde. Mit dem Auftauchen des Spatzenmädchens erwachte in mir auch wieder der Hobby-Ornithologe, der wissen wollte, wo denn nun genau dieses Sperlingsweibchen den Tag verbringt, wo es ein Plätzchen für die Nacht hat, wie es lebt und sich versteckt. Und insgeheim hatte ich die Hoffnung, dabei sein zu können, wie Federle von einem stattlichen Spatzenherren umworben wird, um dann auch zu erleben, wie sie gemeinsam und in der Gruppe mit anderen Spatzen ihre Jungen großziehen. In Jugendjahren hatte ich regelmäßig zur Brutzeit mir bekannt gewordene Nester – etwa in Balkonkästen oder Hecken – sowie in Nistkästen dokumentiert und kontrolliert. Da gab es von ornithologischen Arbeitsgemeinschaften Erfassungskarten, auf welchen die Beschreibung der Nester, der Neststandorte, die Höhe vom Boden, die Anzahl der Eier, die Termine des Schlüpfens oder des Ausfliegens der Jungen und leider auch tragische Todesfälle dokumentiert wurden. Neben Blau- und Kohlmeisen sowie Grauschnäppern gab es auch Brutkästen auf unserer Obstwiese, in denen sich Feldsperlinge einquartiert hatten. Für mich – hoch interessiert, aber jugendlich naiv – war es zu den Zeiten vor der »ökologischen Aufklärung« Ende der 1960er-Jahre manchmal enttäuschend, wenn ich »nur« ein Spatzennest vorfand. Waren doch die Vögel damals noch so häufig, dass ich in den von Spatzen besetzten Kästen lieber die Nester von Gartenrotschwanz, Kleiber oder Wendehals angetroffen hätte. Dennoch wurde alles akribisch dokumentiert, und ich hätte mir nie vorstellen können, wie schnell doch die Spatzenwelt zusammenschrumpfen kann. Nun, zur Dokumentation einer Verehelichung unseres Spatzenmädchens sollte es leider nicht kommen. Aber ich hatte Gelegenheit zu erleben, wie sich Federle, nachdem sie sich für »unseren« Standort entschieden hatte, nach und nach das Terrain und den von ihr mit eleganten Flügen beherrschten Luftraum eroberte. Wo mag Federle, die mit der Dämmerung verschwand, des Nachts wohl sein? Wo findet sie Schutz an den oft regnerischen und auch stürmischen Tagen? Geeignete Nistkästen, die ich im Überangebot für die heimische Vogelwelt aufgehängt hatte – sowohl normale, spatzentaugliche Höhlen als auch Halbhöhlen waren etliche frei, also nicht von Blau- und Kohlmeisen besetzt –, wurden jedoch nicht angeflogen. Tagelanges Rätseln, von woher Federle wohl des Morgens, wenn es nicht gerade Bindfäden regnete, auftauchte. Es sollte drei Wochen dauern, bis wir herausfanden, dass sie den Fenstersims in aus ihrer Sicht sicherer Höhe im dritten Stock unseres Nachbarhauses auserkoren hatte. Jetzt wussten wir auch, warum Federle bald am Küchenfenster Position bezog, sobald sie uns nur sah, um dann mit lang gestrecktem Hals und auffälligem Hoch- und Runterflattern auf sich aufmerksam zu machen. Sie hatte uns einfach von dieser Warte aus gesehen und behielt uns immer im Blick. Scheinbar ahnte sie, wann wir das Haus verließen, denn schon kam sie in weitem Bogen gewandt herbeigeflogen, um das erwartete Futter entgegenzunehmen oder einzufordern. Wieder zwei Herzen in meiner Brust: Ist es besser, dem Vogel nichts zu geben, oder kommt's darauf jetzt auch nicht mehr an? So ging das etliche Tage, doch dann war der Fenstersims leer. Kein Federle da, und trotzdem tauchte sie auf. Ich lief umher, suchte die Häuserfronten in der Nachbarschaft ab, fand jedoch kein Spatzenversteck. Sie hatte wohl ihre neue Heimatumgebung langsam erkundet und einen besseren Platz gefunden – und zwar das andere Nachbarhaus. Dort pendelte Federle regelmäßig zwischen dem Fenstersims im zweiten und einem im dritten Stock, wo sie, eng in die rechte Fensternische gedrückt und somit kaum sichtbar, die Nacht verbrachte. Kamen wir durch den Hinterausgang in den Garten, dauerte es keine zwei Sekunden und sie kam in elegantem Bogen angeflattert, um auf Schulter oder Ellbogen zu landen und mit den immer »ach so treuen« Spatzenaugen um Futter zu betteln. Aber sie kam auch angeflogen, um dann selbst ihre geliebten Spätzle zu ignorieren. Merkwürdig, oder? Vielleicht wollte sie wie wir Menschen, wenn wir »nur« Sehnsucht nach Nähe, Wärme oder Unterhaltung haben, ganz einfach bespaßt werden. Doch Zeit für Spatzen-Entertainment habe ich nun auch wieder nicht, obwohl ich ein Spatzenbuch schreiben möchte. Ist das nicht ein verrückter Widerspruch?

Wie auch wir Menschen unsere Gewohnheiten ändern und neue Gewohnheiten annehmen, oftmals das Bequeme suchen, waren die beiden Fenstersimse von Nachbar Wolfgang auch nicht von langer Spatzendauer. Eines Tages war Federle wohl näher gerückt und hatte es sich des Nachts am

Gesims unseres Wohnzimmerfensters gemütlich gemacht. Diese Ecke ist wegen des weit vorspringenden Daches regengeschützt, aber von innen konnten wir das Tierchen leider nicht sehen. Es war uns ein Rätsel, wie das Vögelchen einfach so aus der Luft senkrecht herabfallen und uns attackieren konnte. Wieder dauerte es Tage, bis wir Federles Sitzplatz entdeckten. Diesen behielt sie dann in der folgenden Zeit nachts und bei Regenwetter bei. Als Tagesresidenz hatte sie sich für unseren dicht belaubten Feldahorn und nach etlichen Wochen für den benachbarten Weißdornstrauch entschieden. Dort konnte ich sie so gut wie nicht sehen. Vernahm sie aber meinen schon ab dem zweiten Tag der Spatzenbeziehung angewendeten dreiteiligen Pfiff– bestehend aus drei gleichen kurzen Tönen hintereinander –, kam sie in geradem Flug aus dem Gesträuch unserer Wildhecke, um sich bei Unsicherheit sofort wieder dorthin zurückzuziehen. Wie vorsichtig Spatzen sind, zeigte sich bei Gefahren, die ich selbst gar nicht bemerkt hatte. Machte sie sich fluchtartig aus dem Staub, war irgendwas im Busche – oder vielmehr in der Luft. Scheinbar beiläufig schien Federle auch weit entfernte Turmfalken, Krähen und Sperber sowie Katzen zu entdecken, um sofort zu verschwinden. In dem kleinen, wohl nur eineinhalb Jahre alten Spatzen wohnte ein Urinstinkt, der ihn Gefahren früh erkennen ließ. Bei Meisen, die ja auch auf dem Speisezettel etwa von Falken, Eulen oder Katzen stehen, hatte ich diese ruckartige Flucht noch nie beobachtet. Sie sitzen – gerade, wenn sie Junge mit sich führen – im Geäst, wie auch Mönchs- und Gartengrasmücken, und schimpfen bei Gefahr aufgeregt vor sich hin.

SPATZ IM SCHRANK?

Dann, eines Morgens, ein seltsames Geräusch. Irgendwie dachte ich beim Aufwachen, da kratzt doch etwas an der Wand. Noch im Halbschlaf, ignorierte ich das Ganze, holte dann erst einmal die Zeitung aus dem Briefkasten und wunderte mich, dass Federle nicht herbeigeflogen kam. Langsam dämmerte es mir. War das Spatzenmädchen etwa am Schlafzimmerbalkon unterwegs und suchte von dort aus unsere Nähe? Nichts wie wieder hoch und suchen – erfolglos! Doch das Kratzen hörte nicht auf. Also stehen bleiben und lauschen. Es kratzte, und dann – das konnte eigentlich nicht sein – ein leises Piepsen. Federle hatte bis dahin noch nie ihre Spatzenstimme erhoben. Nicht im Geringsten hatte sie mit uns, von den »treuen« Spatzenblicken abgesehen, kommuniziert. Plötzlich wieder Stille. Dann wieder ein Kratzen. Allmählich war ich mir ziemlich sicher: Das Kratzen und Scharren kam aus dem Kleiderschrank. Nein, eigentlich glaube ich nicht an Geister. War Federle beim Lüften in das Zimmer geflogen und hatte sich im offenen Schrank versteckt? Also Türen auf, vorsichtig alles ausgeräumt; doch nirgendwo ein Spatz. Ich klopfte von innen an die Schrankwand; dann wieder ein Kratzen und ein leises Piepsen. Immer mehr konzentriert, gelang es mir auszumachen wo die Geräusche herrührten. Zwischen Schrank und Wand entdeckte ich einen zuvor nie beachteten Hohlraum. Nicht zu sehen, weil eine schmale Deckleiste die vielleicht fünf Zentimeter Raum zwischen Einbauschrank und

Wand überbrückte und den Spalt verdeckte – wie eben bei Einbaumöbeln üblich. Doch dort gab es keine Lücke und keinen Einschlupf. Hörte ich doch Spatzengeister? Das Ganze ließ mir keine Ruhe. Also holte ich, ratlos wie verzweifelt, aber entschlossen meinen Werkzeugkasten. Irgendwie musste doch die Abdeckleiste befestigt und somit auch entfernbar sein. Nachdem ich keinerlei Schrauben finden konnte, lag die Lösung im Inneren des Schrankes, wo ich tatsächlich an der Seite – begabte Heimwerker hätten nicht so lange suchen müssen – einige Schrauben fand. Viel zu viele Schrauben. Nach zehn bangen Minuten hatte ich alle herausgedreht, Angstschweiß stand mir auf der Stirn – schließlich sollte ja dem Vogel nichts passieren. Er musste in dem geheimen Hohlraum stecken. Vorsichtig setzte ich mit dem Stecheisen oben am Abdeckbrett an. Langsam, ganz langsam kippte ich die Abdeckpaneele von oben nach unten. Und dann, ich traute meinen Augen nicht, flatterte mir eine junge Blaumeise fast ins Gesicht, drehte eine Runde im Zimmer, um die bereits vorsichtshalber geöffnete Balkontür anzusteuern und in die wiedergewonnene Freiheit zu entschwinden. Nein, Federle war das nicht, aber wie kam die Meise in den Schrank? Zwei Tage zuvor hatte ich fast eine Stunde lang beobachtet, wie nach und nach fünf junge Blaumeisen – nachdem sie immer wieder neugierig aus dem Einflugloch die Gegend inspiziert hatten – aus ihrer sicheren Nisthöhle im Apfelbaum flatterten und mit Locklauten von ihren Eltern begrüßt wurden. Sicher war es ein Jungvogel aus dieser Meisenbrut.

Federle aber war erst am späten Nachmittag wieder zu

sehen. War sie beleidigt, weil sie bislang keine Aufmerksamkeit erhielt? Denn durch die »Schrankaktion« waren wir abgelenkt, wir wähnten das Spatzenmädchen ja im Schrank. Können Tiere überhaupt beleidigt sein? Ich verbot mir selbst solche Gedanken. Da war es wieder, mein Naturschützerverhalten, welches dann aber doch bis zum Wiederauftauchen von Federle zunehmend dem Beschützerinstinkt wich. Vorsätze hin oder her – ich gab wieder einmal meine Prinzipien auf und belohnte die Rückkehr »meines« Spatzen mit ein paar Spaghettistückchen vom Vorabend, nachdem sie zuvor die gesunden Haferflocken wie auch den kurz eingeweichten Kinderzwieback ignoriert hatte. Auch wenn ich es nicht gut finde, kann ich seitdem Senioren verstehen, die in so manchem Park mit Kindern unterwegs sind und Meisen oder auch Spatzen füttern. Es sind die Begegnung mit anderen Lebewesen und das Gefühl, für andere Geschöpfe zu sorgen, welche tief im Innersten die Menschen bewegen und in den Jahren seit etwa der Jahrtausendwende, in denen der Naturschutz immer mehr verwissenschaftlicht wurde, zu sehr verloren gegangen sind.

Ja, und wie kam die kleine Meise jetzt in den Schrank? Der Hohlraum zwischen Schrank- und Zimmerwand war zwar von vorne mit einer Blende versehen, hatte aber nach oben eine Öffnung von gerade mal fünf Zentimetern Breite und vergleichbarer Tiefe. Diese Öffnung war zwischen dem Abschlusskranz des Schranks und der Zimmerdecke nicht zu sehen. Doch dieser Abstand beträgt höchstens vier Zentimeter – wie in aller Welt kommt so ein kleiner Vogel auf die

Idee, durch die offene Balkontür in das Zimmer zu fliegen, sich entlang des schmalen Spalts zwischen Schrank, Gesims und Decke zu drücken, dort entlangzukrabbeln – normales Vogellaufen ist an der Stelle nicht möglich –, um dann durch dieses kleine, gerade mal vier mal vier Zentimeter große Loch fast zwei Meter tief ins Dunkle zu fallen? Suchte die Meise etwa instinktiv ihr altes Höhlendasein, das sie erst vor einem Tag hinter sich gelassen hatte? Dies wird wohl eines der vielen Rätsel der Natur bleiben.

VON WEGEN DRECKSPATZ!

Federpflege ist eine ernste Angelegenheit, denn es geht darum, Milben und Federlinge abzuschütteln. Immerhin bringen die Federn allein etwa 1,4 Gramm Gewicht auf die Waage. Der Spatz selbst wiegt nur rund 30 Gramm – so viel wie eine Scheibe Toastbrot. Im Sommer ist das Federkleid etwas leichter, im Winter schützen 500 zusätzliche Federn vor Feuchtigkeit und Kälte.

Staubbäder sind ideal für die Körperpflege. Parasiten bleiben in den Staubpartikeln hängen und fallen mit den winzigen Sandpartikeln aus dem Gefieder. Wissenschaftler haben in den Badekuhlen von Spatzen jede Menge Federparasiten gefunden. Das ist der wahre Grund für »Dreckspatzen«, sich im Staub zu wälzen. Diese Form der Hygiene hat dem reinlichen Vogel den unrühmlichen Namen eingebracht. Typisch Mensch: Wie so oft hat er Naturbeobachtungen falsch interpretiert. Das Reinigungsritual wird regelmäßig intensiv wiederholt; es ist eine Art Gesundheitsvorsorge. Wer Spatzen bei ihren ausgefeilten Hygienemaßnahmen helfen will, kann im Garten Tonuntersätze mit Sand an einem katzensicheren Ort aufstellen. Das Sandgefäß sollte etwa einen Mindestdurchmesser von 30 cm haben, damit die Spatzen sich so richtig suhlen können. Von Zeit zu Zeit muss der Sand ausgewechselt werden, um Parasiten wie Zecken, Milben und Flöhe zu beseitigen. Besser noch ist eine wilde Ecke im Garten, die neben allerlei Wildkräutern eine Art »Sand- oder Staubkasten« für Vögel bieten kann.

Doch der Spatz begnügt sich nicht mit Staubbädern allein. Man kann die Vögel sogar im Winter beim Baden in Pfützen beobachten. Es wird heftig im Wasser gehudert, bis die Federn vollkommen durchnässt sind. Mit aufgeplustertem Brustgefieder und abgespreizten Flügeln wird herumgespritzt, bis auch der letzte Federkiel nass ist. Der gesellige Vogel badet nicht gern allein. Ganze Badegesellschaften treffen sich zu einer Art Beachparty und ziehen dabei eine irre Show ab; und das gleich mehrmals am Tag. Am Ende des Bades wird das Gefieder dann mit dem Schnabel eingefettet. Dafür nutzen die Vögel ein wachsartiges, leicht öliges Sekret aus der Bürzeldrüse, das sie mit dem Schnabel gleichmäßig im Gefieder verteilen. Dieses Sekret dient der Isolation, schützt vor Kälte und Feuchtigkeit und macht das Federkleid nicht nur regenfest, sondern auch geschmeidig – so, wie wir es auch mit der allerbesten Outdoorbekleidung nie hinbekommen werden. Bürzeldrüsensekret ist nicht nur wasserabweisend: Es enthält auch Bestandteile, die vor Bakterien- und Pilzerkrankungen schützen.

Eine größere Vogeltränke im Garten wird schnell zur Badeanstalt. Das Wasser sollte regelmäßig gewechselt und aufgefüllt werden, um es sauber zu halten. Gerade an heißen Sommertagen sind diese Badestellen auch von anderen Vogelarten wie Grün- und Buchfink, Stieglitz und Amseln im Garten begehrt. Wer Platz für einen Gartenteich hat, sollte auf flache Ufer und wenigstens auf ein, zwei vegetationsfreie Stellen für Vogelbäder achten. Katzen sollten sich nicht in der Nähe verstecken können.

DES SPATZEN NEUE KLEIDER

Wie alle Vogelarten kommen auch Spatzen regelmäßig in die Mauser, denn trotz penibler Pflege nutzen sich die Federn im Laufe der Zeit ab. Sie brechen, werden fransig und müssen erneuert werden. Federn sind quasi die Haare der Vögel; und wie beim Menschen mit der Zeit die Haare ausfallen, verlieren Vögel ihre Federn. Das nennt man Mauser. Die Jahresmauser ausgewachsener Spatzen ist eine Vollmauser, die im Hochsommer stattfindet. Exzentrische Prachtgewänder wie beispielsweise beim Erpel der Stockenten gibt es bei Spatzen nicht. Der Feder-Kleiderschrank ist im Vergleich zu anderen Vögeln eher bescheiden. Es gibt Sommer- und Winterkleidung. Bei Kälte plustern sich Spatzen – wie andere Arten übrigens auch – auf, um möglichst viel Luft zwischen den Federn zu sammeln. Sie sehen dann aus wie kleine braune Bällchen. Wie bei Outdoor- und Funktionskleidung der Menschen sorgt Luft für Isolation, wärmt die Haut und garantiert eine gleichbleibende Körpertemperatur. Daunen und Flaumfedern schützen die Vogelküken vor Kälte und bieten ihnen wohligen Schutz.

Wie alle Federn bestehen auch Spatzenfedern aus

einem Kiel, der die Mittelachse bildet, und Federästen, die nach beiden Seiten ähnlich den Nadeln eines Tannenzweiges abgehen. Diese Fahne wiederum besteht in der Nähe der Haut aus den wärmenden Dunen. Befinden sich Spatzen im Stress oder in einer Notsituation, kann es zur sogenannten Schock- oder Schreckmauser kommen; ihnen fallen plötzlich Federn aus. Über die Gründe kann nur spekuliert werden. Hilft die Schockmauser beim Angriff? Plötzlich hat der Fressfeind nur Federn im Maul, während der Spatz mit nackter Haut davongekommen ist. Es kann also durchaus dienlich sein, auf der Flucht die Kleider fallen zu lassen.

Generell gilt: Wer gepflegt aussieht, ist meist auch gesund und hat bei der Partnersuche gute Chancen, sich fortzupflanzen. Zerrupftes Gefieder kann ein Zeichen für Parasitenbefall, Krankheiten und schlechte Kondition sein. Schwächlinge haben keine guten Karten bei der Partnersuche und Paarung, denn auf gesunde Gene wird im Reich der Wildtiere immer Wert gelegt. Federn haben viele Funktionen – auch fremde Federn! Damit wird das Nest für den Nachwuchs ausstaffiert, denn Federn als Nistmaterial isolieren und sind weich. Forscher in Südafrika haben 50 Spatzenpaare im Umgang mit Federn beobachtet. Schaffte der Spatzenvater zu wenige Fremdfedern für den Nestausbau heran, wurde laut Studienleiterin Lola Garcia Lopez de Hierro die unzureichende Auspolsterung von der Vogelmutter lautstark reklamiert und das Männchen musste heranzitiert werden und flugs mehr Federn bringen.

KEINE CHANCE FÜR PARASITEN

Die Kinderstube der Küken muss sauber bleiben. Gleich nach dem Fressen kommt bei Küken eine Art Ballen aus dem Po, der von den Altvögeln direkt abtransportiert wird. Das sind quasi die dreckigen Windeln der Spatzenkinder. Ist das Nest verschmutzt, nisten sich schnell Parasiten ein. Salmonellen werden regelmäßig in Spatzennestern nachgewiesen. Durch Erreger können sich Krankheiten im Nest ausbreiten, die hin und wieder den Nachwuchs dahinraffen. Deshalb werden Dotterreste, alte Eierschalen, Kot und unverdaute Nahrungsreste sofort aus dem Nest beseitigt. Meist ist das Weibchen mit Aufräumarbeiten beschäftigt. Mit dem Schnabel wird das Nistmaterial wie Bettzeug vorsichtig aufgeschüttelt, damit der Dreck im Idealfall herausfällt.

Um Parasiten fernzuhalten, arbeiten Spatzen wie Kräuterhexen: Sie bringen je nach natürlicher Ausstattung der Umgebung Blätter von Schafgarbe und Wermut ins Nest. Es wird vermutet, dass der Geruch der ätherischen Öle Schädlinge eine Zeit fernhält. Spatzen nutzen aber auch andere biologische Waffen. Man hat in ihren Nestern schon Zigarettenkippen gefunden. Was zunächst für eine pure Notlösung auf der Suche nach geeignetem Nistmaterial gehalten wurde, machte am Ende bei der Parasitenabwehr Sinn. Giftiges Nikotin – Inhaltsstoff der Kippen – hält offensichtlich Parasiten fern; woher die Vögel das nur wissen? Die trickreichen Vögel sind gute Eltern; das zeigt sich auch im Nestbau.

Federlinge, die zur Tierklasse der Insekten und bei diesen zur Ordnung der Tierläuse gehören, sind üble Krankheitsüberträger, die im Gefieder von Vögeln leben und oft am Federkiel sitzen. Diese Schädlinge knabbern an den Federn, die aus Keratin bestehen, das ihnen als Nahrung dient. In besonders schlimmen Fällen führt das zur Zerstörung des Gefieders, das seinen Glanz verliert. Irgendwie sehen betroffene Spatzen struppig aus. Diese Fieslinge lassen sich allein mit Staub- und Wasserbädern nur schwer bekämpfen. Man hat beobachtet, dass Spatzen hin und wieder eine Art »bio-chemische« Reinigung anwenden, um Federlinge abzuwehren. Dafür stecken sie sich Ameisen ins Gefieder. Sie drücken und reiben auf den Ameisen herum, bis diese als Abwehrmechanismus Ameisensäure verspritzen, die ein wirksames Mittel gegen Parasiten ist. Biologen haben einen Begriff dafür geprägt: Man redet von Einemsen; Emse ist ein veraltetes Wort für Ameise.

Sauberkeit ist also keineswegs nur eine Frage der Schönheit. Befallenes Gefieder wärmt und isoliert nicht. Bei Kälte und Nässe kann das tödlich enden – erst recht für den Nachwuchs. Das enge Zusammenleben im Nest, der häufige Kontakt zu den Nachbarn in der Brutkolonie und das Gedränge an den Vogelhäuschen und Futterstellen machen die Übertragung von Vogel zu Vogel leicht. Die Liste der Parasiten ist lang: Vogelflöhe, Milben und Zecken gehören ebenfalls zu den Quälgeistern, die Vögeln das Leben schwer machen.

TODESFALLE SCHUTZMASKEN

Spatzenmütter sind perfekte »Hausfrauen«, doch leider macht ihnen die Corona-Pandemie das Leben zusätzlich schwer. Das Virus scheint die Vögel noch zu verschonen, doch schon jetzt steht fest, dass Wildtiere durch Covid-Müll zu Opfern der Pandemie werden. Untersuchungen eines niederländischen Forscherteams der Universität Leiden, die im Fachmagazin »Animal Biology« veröffentlicht wurden, zeigen, dass dies lediglich die Spitze des Eisbergs ist. Die Folgen durch Covid-Müll sind nicht abzusehen, aber das stille Sterben in den Vogelnestern durch unsachgemäß entsorgte Schutzkleidung hat längst begonnen. So werden Masken, als vermeintlich ideales Nistmaterial herangeschleppt, häufig zur Todesfalle. Gerade kleine Vögel wie Spatzen, aber auch Schwäne oder Störche klemmen sich mit den Haltegummis der Wegwerfmasken die Flügel ein oder verheddern sich mit ihren Füßen. Die Gummis werden leicht mit Würmern verwechselt und wickeln sich beim Picken um den Schnabel. Das alles hindert die Vögel daran zu fressen, und sie müssen qualvoll verhungern. Achtsamkeit im Umgang mit Schutzkleidung ist wichtig, damit Wildtiere nicht gefährdet werden. Abfälle wie Masken und Plastikhandschuhe nie lose wegwerfen, sondern in reißfeste, dichte Müllsäcke geben, fest verschließen und in den Restmüll geben. Gerade Masken sollten nie achtlos entsorgt werden. Das Leben einer Spatzenfamilie oder anderer Tiere könnte auf dem

Spiel stehen. Genauso ist das mit achtlos weggeworfenen Nylon- oder anderen Schnüren von Bindematerial oder Anhängseln von Luftballons, die bei Feiern mit Grußkarten daran in die Luft entlassen werden. Freudenbotschaften für die einen – todbringende fliegende Fallen für die ohnehin bedrohte Natur.

AUCH DAS NOCH – FEDERLE HAT ZECKEN! UND AUCH EINE STIMME …

Spätestens seit Alexander von Humboldt, Charles Darwin und erst recht seit den ausgiebigen modernen Forschungen von Biologen, Ökologen und wissenschaftlich verwandter Disziplinen wissen wir, dass jedes Tier, jede Pflanze, jeder Pilz und auch alle nicht in dieses System einzuordnenden Organismen ihren Platz und ihre Funktion in der Wunderwelt der Natur haben. Einen Platz und eine Funktion, die uns bei manchen Tier-Pflanze-Wechselbeziehungen in Staunen versetzt. So etwa die Abhängigkeit bestimmter Insekten von einer ganz bestimmten Pflanzenart, wie der Dunkle Wiesenknopf-Ameisenbläuling vom Großen Wiesenknopf. Ohne diese Pflanze, von deren Nektar sich die Falterart ernährt, auf der diese Schmetterlinge auch balzen, sich paaren, ihre Eier ablegen und meist auch schlafen, kann diese Art nicht überleben. Es gibt sehr viele solcher Wechselbeziehungen. Dann gibt es aber Arten, deren Platz im System wir noch nicht ergründen konnten und vielleicht nie ergründen werden, weil manche durch die Zerstörungsmacht der Art Mensch ausgestorben sind, bevor wir erkennen konnten, was sie können. Das ist mir in Fleisch und Blut übergegangen, und viele Male habe ich bei Vorträgen, Exkursionen und in Publikationen auf das notwendige ganzheitliche Denken in Sachen Natur hingewiesen – so etwa mit dem Beispiel des Brotschimmels. Vor den Experimenten des Mikrobiologen Alexander Fleming (1881–1955) hätte nie jemand daran gedacht, dass etwa ein Brotschimmel für die Menschheit wichtig werden könnte. Litten doch die Leute zu der Zeit oft Hunger, und was gab es Schlimmeres als durch Schimmel verdorbenes, ohnehin schon knappes Brot? Fleming entdeckte an einem Brotschimmel nämlich das Penicillin, das später Tausenden Menschen das Leben retten sollte.

Aber nicht immer hilft rationales Denken und wissenschaftlich begründetes Wissen weiter. So mag ich mich trotz all der Erkenntnisse nicht an den Gedanken gewöhnen, dass Zecken in irgendeiner Weise eine nützliche Funktion im Naturhaushalt haben sollen. Da gibt es zwar Wissenschaftler wie Prof. Martin Schlegel vom Deutschen Zentrum für integrative Biodiversitätsforschung (Halle Jena/Leipzig), die Plagegeister wie Zecken als eine Art »evolutionären Wettlauf von Anpassung und Gegenanpassung« sehen. Aber ich hasse ganz einfach Zecken.

OPERATION ZECKE

Und so schrillten meine Alarmglocken, als ich Federle wieder einmal ganz in Ruhe beim Fressen auf meiner Hand beobachten konnte. Es standen an der Seite ein Paar Federchen ab. Irgendwie schien es, als ob sich etwas dahinter verbergen würde. Vielleicht nur eine Täuschung? Ich beruhigte mich selbst, um beim nächsten und übernächsten Besuch unseres Spatzenmädchens genauer hinzusehen. Von Tag zu Tag wurde die Wölbung größer. »Hoffentlich kein Tumor oder gar eine Zecke«, dachte ich instinktiv. Bei jedem Versuch, die Federchen etwas auf die Seite zu blasen, um näher hinschauen zu können, schwirrte Federle davon. Wenigstens hatte sie trotz der Zutraulichkeit ihre natürlichen Fluchtreflexe nicht verloren. Trotzdem war ich weiter in Sorge um den kleinen Schützling. Dann bekam ich Gewissheit. Die Federchen standen immer mehr ab, und dann sah ich auch, warum. Tatsächlich hatte sich eine Zecke festgebissen und aus dem armen Spatzenmädchen so viel Blut gesaugt, dass sie mit jedem Tag dicker wurde. Ein fetter, gräulich-bläulicher Zeckenklumpen hing an dem zarten Vogelmädchen. Keine Frage, Federle musste von der Zecke befreit werden. Eine Aktion ist schneller besprochen und beschlossen als ausgeführt. Immer wenn das Vögelchen mit einem seiner Lieblingsessen gelockt wurde und ich zugreifen wollte, roch es den Braten, schwirrte davon und kam nicht so schnell wieder. Von wegen dummer Spatz! Spatzen lernen wohl schneller als manche Menschen. Nach einigen Überlistungsversuchen gelang es mir dann doch, das zunächst zappelnde und dann vor Schreck starre Vögelchen in die Hand zu bekommen. Zu zweit gelang es uns, die Zecke samt Kopf mit einer etwas breiteren Pinzette – die sich als tauglicher erwies als eine Zeckenzange – zu entfernen. Wir deckten das Köpfchen des Vogels zur Vorsicht ab und desinfizierten die Stelle, an welcher die Zecke gesaugt hatte.

Ganz klar, dass ich die Zecke sofort mit den Fingernägeln zerquetschte, damit sie kein weiteres Unheil mehr anrichten konnte. Doch die Freude über unsere erfolgreiche »Operation« sollte nicht von langer Dauer sein. Schon zwei Wochen später hatte Federle eine weitere Zecke an der Brust und – noch schlimmer – direkt am rechten Auge. Die am Auge saugte so schnell, dass nach wenigen Tagen und etlichen gescheiterten Fangversuchen der Vogel nicht mehr aus dem Auge blicken konnte, weil es vom angeschwollenen Zeckenkörper bedeckt war. Auch Lockversuche mit Spätzle nützten nichts; entgegen meinen Vorsätzen griff ich zum Geheimtrick namens Schneckennudel. Zweimal Federle gelockt, dann gefangen! Nach von uns unerwartetem, durchaus lautstarkem Gezeter konnten wir die Zecken erfolgreich entfernen. Der Vogel dankte es uns durch weiterhin konsequente Ablehnung von feinen wie groben Haferflocken, bereits geschälten Sonnenblumenkernen im Stück oder gehackt und allem anderen »gesunden« Spatzenfutter.

ENDLICH EIN »PIEP«

Zweierlei haben mir die Zeckenerlebnisse mit Federle aber klargemacht: Ökologisches Wissen hin oder her, Zeckenfreund werde ich in meinem Leben nicht mehr. Und, weitaus beeindruckender: Der kleine Vogel hat ja doch eine Stimme! Als ich beherzt zugriff, um Zecken, die sie plagten, zu entfernen, war Federle nicht mehr stumm – nein, sie schimpfte, was der Schnabel hergab. »Also doch«, dachte ich und ignorierte das aufgeregte Gezeter, das der kleine Vogel, dessen Herzschlag ich in meiner Hand spüren konnte, veranstaltete. »Ob die Kleine jetzt endlich mit anderen Artgenossen kommuniziert?«, kam mir in den Sinn während der für den schimpfenden Vogel doch beängstigenden Prozedur. Die heftigen und für mich schmerzhaften Attacken mit dem kräftigen Spatzenschnabel versuchte ich außer Acht zu lassen.

Unser Federle machte nämlich bislang keinen einzigen »Piep«. Nicht, wenn sie im Gesträuch oder auf dem Fenstersims saß, nicht, wenn sie herbeigeflogen kam und um Futter oder Aufmerksamkeit bettelte, und auch nicht, wenn sie sich fluchtartig von dannen machte. Nichts, aber auch gar nichts war von ihr zu hören. Dabei ist das Spatzengeschrei, das Spatzengezeter doch so typisch für Haussperlinge. »Federle wird doch keine Schweigenonne sein«, dachte ich und fürchtete, dass das Sperlingsweibchen so niemals Anschluss an andere Spatzen – die ja immer im Pulk leben –, geschweige denn zu einem Spatzenmännchen bekommen würde. Egal, wo Federle sich versteckte: Sie hörte meine Lockpfiffe, kam herbei und blieb auch stumm, als ich sie nach vielen Wochen zum ersten Mal dann doch zusammen mit einem kleinen, etwa vier bis sechs Schnäbel zählenden Spatzenmädchentrupp sah. Irgendwie schien sie sich den Artgenossen anschließen zu wollen, um dennoch respektvoll Abstand zu halten. War Federle doch zu sehr auf Menschen geprägt? Die anderen Spatzenmädchen schienen Federle durchaus zu akzeptieren und unterhielten sich nach Spatzenart miteinander. Unsere gefiederte Freundin aber blieb stumm – auch, als sie eines Tages auf ihrem Lieb-

lingsfenstersims von gleich drei Männchen hofiert wurde. Lautlos, aber energisch pickte Federle sie auf die Seite, flog wieder weg und zurück, um sich erneut der selbstbewusst auftretenden Spatzenkraftprotze zu erwehren. Höchst erfolgreich; denn die Spatzenmännchen hielten sich ab diesem Zeitpunkt von Federle fern. Noch immer machte sie keinen Piep. Es schien eine nur auf treuen Augen-Blicken beruhende Kommunikation zu bleiben – die ja durchaus anrührend war. So ertappte ich mich immer wieder dabei, wie ich auf Federles Charmeattacken hereinfiel und das Tierchen mit unseren menschlichen Zügen verglich – und so etwas geht bei einem eingefleischten Naturschützer ja gar nicht. Aber die Beschützergefühle konnte ich halt auch nicht verdrängen.

Nun sind Spatzen zum Glück keine Nutz-, sondern Wildtiere, zu denen nach rationellem Denken mentaler wie körperlicher Abstand gehalten werden sollte. Aber Federle war mir eben, obwohl sie keinen Piep machte, ans Herz gewachsen. Für den Abstand sorgte das Spatzenmädchen nach und nach selbst – es kam lieber zu meiner Frau als zu mir. Bestimmt nahm sie mir die »Zeckengeschichte« noch übel …

Um nun noch einmal auf die Blutsauger zurückzukommen: Ich habe mir Fragen gestellt, etwa, wer in der Natur den Vögeln eigentlich ihre Zecken entfernt. Beim Blick in das Internet tauchen unter dem Suchbegriff »Zecken an Vögeln« viele Fotos geplagter Kreaturen auf – so etwa von Vögeln, die gleich mehrere Zecken rund um ihre Augen haben. Sogleich erinnerte ich mich an Exkursionen im südlichen Afrika. Dort fotografierte ich ein Spitzmaulnashorn, das am Hinterteil Hunderte der Blutsauger mit sich herumschleppen musste. Wie wehrlos doch ein sonst so starkes Tier ist und wie wohltuend die Madenhacker – jene Vogelarten, die allerlei Wildtiere von Zecken und anderen Schmarotzern befreien – für die geplagten Lebewesen sicherlich sind. Nun, in der Natur fallen Zecken irgendwann von alleine ab, sorgen für Nachwuchs, und der teuflische Kreislauf der Blutsauger beginnt von Neuem.

Um allerlei Ungeziefer gar nicht erst einzufangen und das Gefieder zu pflegen, nehmen Spatzen ja gerne in der Gruppe ausgiebige Staubbäder und sie baden auch im Wasser. Das schützt zwar nicht immer vor Zecken, aber wer weiß, was die Vögel aushalten müssten, gäbe es diese Bäder nicht. Die ganze Zeit über, in der ich Federle intensiv beobachtete, konnte ich sie jedoch weder in einer unserer aufgestellten Vogeltränken noch in unserem Gartenteich, der speziell für die Vögel mit flachen Ufern konstruiert wurde, baden sehen. Da sie von Hand aufgezogen wurde, hatte sie es wohl nicht gelernt und bislang auch nicht von wilden Artgenossen abgeschaut. Doch eines Tages hatte ich Glück und sah Federle am Rand des Teiches sitzen. »Also doch nicht wasserscheu«, dachte ich und beobachtete, wie sich das Vögelchen ganz zaghaft dem Wasser näherte, sich eigentlich nicht recht traute, dann aber doch den großen Spatzenschritt wagte, um ganz langsam in das Wasser zu steigen. Der Drang schien groß gewesen zu sein, denn in nur 20 cm Entfernung badete ausgiebig eine Amsel, der Federle die ganze Zeit zugeschaut hatte. So lernen Spatzen wohl nicht nur von ihresgleichen sondern auch von anderen Vögeln. Denken wir etwa an Raben, die gute Beobachter sind und viel Gesehenes übernehmen, oder an so manchen Zugvogel wie den Star, der die Gesänge tropischer Vögel oder Teile davon in den Winterquartieren nachahmt und in das eigene Repertoire aufnimmt. Die Amsel ließ sich vom viel kleineren Spatz nicht stören, und dieser wiederum hatte wohl ein solches Bedürfnis zu baden, dass auch er keine Scheu vor der Amsel zeigte. Als diese jedoch innehielt und sich dem Spatzen näherte, gab es einige Schnabelhiebe von Federle in die Luft, in Richtung Amsel. Entschlossen schritt das Spatzenmädchen dem größeren Vogel entgegen, sodass dieser respektvoll wieder Platz machte. Wie sehr wünschte ich mir doch, dass Federle Spatzenanschluss finden würde – unser Gartenteich gäbe ein großartiges Spatzen-Volksbad ab!

GELIEBT, GEHASST, BEKÄMPFT

Die Anpassungsfähigkeit scheint keine Grenzen zu kennen. Spatzen brüten in Straßenlaternen und Abflussrohren, unter Dachziegeln, in Jalousienkästen und unter Brückenpfeilern. Man findet sogar Nester zwischen den Buchstaben von Leuchtreklamen. Am liebsten aber hocken Spatzen unter Restauranttischen und warten auf das, was von oben auf den Boden fällt. Spatzen fliegen überall umher: Sie durchkreuzen respektlos die Gärten der Könige und picken in Notunterkünften die Krümel der Bettler auf. Ist auf dem Boden mal nichts zu finden, wird der Spatz zum Wegelagerer und überfällt seine Opfer. An der Mühlendamm-Schleuse in Berlin kapern Sperlinge wie Piraten regelmäßig Ausflugsdampfer und lassen sich von den erschrockenen Tagestouristen durchfüttern. Der Spatz benimmt sich wie viele Großstädter: frech, laut und unverschämt. Er umflattert die Papierkörbe vor den Fußballstadien, inspiziert auf Kinderfesten leer gegessene Pappteller und frisst auf der Hamburger Reeperbahn zwischen »leichten Mädchen« und Freiern Pommes rot-weiß, Eistüten, Döner und Fischbrötchen vom Bordstein. Dieses Verhalten hat das Image des Alltagsvogels geprägt.

Es gibt Menschen, die Spatzen deshalb einfach nicht

mögen. Die quirligen Vögel rufen bei ihnen eine gewisse Abneigung hervor. Sie fürchten nervtötendes Gezwitscher und Vogelkot an Fassaden, Balkonmöbeln und auf der Terrasse. Mit allen legalen Mitteln sollen Anflug, Landung und Nestbau unter den Dachziegeln verhindert werden. Verbreitet sind reflektierende Aufhänger und Vogelbänder. Da werden alte CDs entfremdet und als Spatzenschreck in den Baum gehängt. Der Erfolg ist oft eher mäßig. Andere greifen wiederum zu Hightech-Methoden und installieren batteriebetriebene Ultraschallgeräte. Doch empfindliche Zeitgenossen mit »Superohren« können diese Störgeräusche im Bereich zwischen 12 und 24 Kilohertz durchaus wahrnehmen und reagieren empfindlich auf die Töne. Während sich die Spatzen daran zu gewöhnen scheinen, geht den Menschen dann schon bald die eigens angebrachte Abwehr auf den Wecker.

Eine Nachbarin versuchte es mit einem Windspiel, das über und über mit Glöckchen bestückt war. Die Spatzen waren offensichtlich genauso genervt wie die gesamte Nachbarschaft. Die Vögel blieben weg; dafür hagelte es Beschwerden aus den umliegenden Häusern, und das Windspiel wurde wieder abmontiert. Kaum waren die Klanggeräusche verstummt, kehrten die Spatzen zurück.

Auch die Attrappen von den Erzfeinden der Spatzen, wie Krähen, Eulen, Sperber, Elstern und Katzen, sollen den frechen Vogel auf Abstand halten. Doch Spatzen sind schlau und haben schnell kapiert, dass der angebliche Fressfeind aus Hartplastik besteht. Die Attrappe wird im

Vorbeiflug heftig beschimpft und nicht ernst genommen. Dann wird vonseiten des Menschen oft aufgerüstet. Spikes – die spitzen, wetterfesten Edelmetallstäbe, die auf einer Schiene angebracht sind – sollen verhindern, dass Spatzen und andere Vögel sich in der Regenrinne oder auf dem Sims bequem niederlassen. Die Ladung soll ihnen so unmöglich gemacht werden. Doch Anflugversuche finden trotzdem statt. Dabei verletzen sich Vögel nicht selten schwer. Auch Vogelnetze können zur Todesfalle werden, weil die Tiere sich darin verheddern, strangulieren und oft qualvoll verenden.

Manchmal hilft es schon, Terrasse, Veranda und Balkon sauber zu halten. Essensreste der letzten Grillparty oder des Frühstücks locken nicht nur Spatzen an. Gern kommt hin und wieder auch mal eine Ratte vorbei. Statt die Katze herauszulassen, sollte man sich lieber an der Vogelschar erfreuen und den Nistplatz so herrichten, dass die Fassade nicht mit Vogelkot beschmutzt wird. Da reicht schon ein ausreichend großes Brett als Landebahn.

Eines sollte klar sein: Der Griff zum Gift oder andere tödliche Methoden sind ein absolutes No-Go. Spatzen stehen unter Schutz; sie dürfen weder verletzt noch getötet werden. Sogar ihre Nistplätze sind geschützt. Wer eine Brutstätte zerstört und angezeigt wird, muss mit einer empfindlichen Strafe rechnen. Da können – je nach Bundesland – schon mal 50 000 Euro fällig werden.

Eher harmlose Abwehrmaßnahmen gegen Spatzenbesuch fallen nicht so sehr ins Gewicht, wenn es um die schwindende Gesamtpopulation geht. Die wahren Feinde der Spatzen arbeiten mit ganz anderen Methoden. Deshalb ist der Spatz nicht nur klein und frech, sondern leider – wie viele andere Vogelarten auch – bedroht. Bescheidenes Aussehen und ungebremste Libido mit mehreren Bruten in guten Spatzenjahren schützen ihn nicht mehr.

Die Zeiten im 21. Jahrhundert sind hart. Man kann den Spatzen durchaus als Symbolvogel für den Krieg der Menschen gegen die Natur sehen. Ein Krieg, der bereits viele Jahrhunderte andauert und stets mit den Waffen der jeweiligen Zeit geführt wurde. Dieser Krieg hat Milliarden Opfer unter den Tieren gefordert. Tapfer hielt der kleine Vogel mit einer großen Masse an Individuen der Vernichtung stand, doch seit dem Beginn unseres Jahrhunderts geht auch diese Überlebensstrategie nicht mehr auf. Der Bestand sinkt kontinuierlich. Von den 500 Millionen Haussperlingen weltweit leben schätzungsweise zwischen fünf und elf Millionen Paare in Deutschland. Doch in vielen Regionen zwischen Glücksburg und Garmisch-Partenkirchen befindet sich der anpassungsfähige Kleinvogel im Sturzflug. Mit Bestandseinbrüchen von über 70 Prozent ist der zwitschernde Großstädter unter den Vögeln vor allem in Metropolen wie Hamburg, Frankfurt, Stuttgart und München auf dem absteigenden Ast. Der gleiche Trend gilt auch für andere Städte Europas; London, Paris, Mailand, Madrid – einst Spatzenhochburgen – werden zunehmend von den Stadtspatzen verlassen. Rund um den Globus sieht es nicht besser aus. Dabei ist der kleine Kulturfolger sehr genügsam. Er ist eher der Proletarier unter den Vögeln, ein anspruchsloser

Futteropportunist und bescheidener Menschenfreund. Doch auch Proletarier sind nicht unsterblich. Sie haben oft mächtige Feinde.

DIKTATOREN, KÖNIGE UND KIRCHENFÜRSTEN GEGEN DEN KLEINEN VOGEL

Mao Tse-tung war so ein Feind. Dabei gab sich der chinesische Revolutionsführer als Freund aller Proletarier aus, doch hinter dem Grinsegesicht steckte eine Teufelsfratze. Die sogenannte »Proletarische Kulturrevolution« war ein allumfassendes Hau-drauf-und-Schluss-Massaker. Auch gegen den Spatzen hat der Diktator erbarmungslos gewütet. Um von eigenen Fehlern in der Agrarreform abzulenken, machte er auf einer Sitzung des Parteikongresses 1957 den kleinen Vogel zum »Feind des Kommunismus« und ordnete an, dass Spatzen immer und überall zu töten seien. Befehl ist Befehl, und so erschlugen 600 Millionen Chinesen den angeblichen Ernteschädling, wo immer sie seiner habhaft wurden. Im Laufe von nur drei Tagen waren geschätzte zwei Milliarden Vögel tot. Die perfide Methode war schlicht, aber äußerst effektiv: Man scheuchte die Kleinvögel überall auf, um sie bis zur Erschöpfung in der Luft zu halten. Wenn sie dann zu Boden fielen, wurden sie erschlagen. Die Schwarz-Weiß-Filme, die von dem Vogelmassaker gedreht wurden, sind nur schwer zu ertragen. Die Folgen der bedingungslosen »Kampagne gegen die Plagen« waren dann Ernteausfälle und Hungersnöte. Abermilliarden von Insekten, die sonst in den Bäuchen der Spatzen gelandet wären, fraßen die Felder kahl. Der Krieg gegen den Spatzen war gewonnen und doch verloren. Millionen Menschen verhungerten. Erst nach Maos Tod wurde der Spatz offiziell von der chinesischen Nachrichtenagentur Xinhua rehabilitiert. Man berichtete, dass Anstrengungen unternommen würden, die Spatzenpopulation zu erhöhen. Die Einsicht kam spät: Der Schädling wurde zum Nützling ernannt.

Christian Morgenstern hat einst gesagt: »Weh dem Menschen, wenn nur ein einziges Tier im Weltgericht sitzt …« Ich sage: »Sitzt ein Spatz mit am Richtertisch, schmort Mao jetzt in der Hölle.« Und zwar gemeinsam mit Kirchenfürsten und Königen. Denn nicht nur Revolutionsführer setzten Kopfgelder auf Spatzen aus.

König Friedrich II. von Preußen machte bereits im 18. Jahrhundert den Fehler, den Mao Jahrzehnte später wiederholte. Aber der König war am Ende einsichtiger als der »unfehlbare Diktator«. Es heißt, der Alte Fritz habe eine kulinarische Leidenschaft gehabt: Kirschen. Er soll eines schönen Tages unter einem Kirschbaum gesessen haben, als eine Bande hungriger Spatzen einfiel und sich an seinen Lieblingsfrüchten labte. Der König wollte seinen Nachtisch keineswegs mit gemeinen Vögeln teilen und befahl, alle Spatzen »wegzufangen, totzuschießen oder auf jegliche Weise zu vertilgen«. Als oberster Kriegsherr wollte er es wissen und lobte eine Art Kopfgeld aus: Auf jeden getöteten Spatzen setzte er einen Preis von sechs Pfennigen aus – und die Jagd auf die Kirschenräuber begann.

Doch die königliche Rechnung ging nicht auf: Die Aktion kostete den Staat Preußen nach zwei Jahren viele Tausend Taler. Man mag sich kaum vorstellen, wie viele unschuldige Spatzen ihr Leben lassen mussten. Und am Ende war der Schaden größer als der Gewinn. Die königlichen Kirschbäume litten unter Insektenbefall. Raupen fraßen Laub und Blüten, die Kirschernte war entsprechend schlecht und die edle Frucht musste nach Preußen importiert werden, um die Gelüste des Königs zu befriedigen. Der Alte Fritz erkannte seinen Fehler und widerrief den Befehl. Schnell wurde die Spatzenjagd auf königliches Geheiß hin wieder abgeblasen.

Warum ist der Mensch nur so unbelehrbar? Liegt es am »Spatzenhirn« der Zweibeiner? Schon die kurmainzische Verordnung von 1745, welche die Bürger in Deutschland aufforderte, mindestens 20 Spatzenköpfe pro Jahr abzuliefern, war ein Fehlschlag. Das von den Kurfürsten und Erzbischöfen von Mainz (daher der Begriff Kurmainz) regierte Volk nannte die Verordnung Spatzensteuer. Je mehr abgeschlagene Vogelköpfe die Untertanen den Herrschenden brachten, desto höher fiel der Lohn aus. Per Befehl von oben sollte so die »Plage« eingedämmt werden.

Die Vernichtungsfeldzüge gegen den Spatzen als Ernteschädling reichen bis weit in die Neuzeit. In den Hungerjahren nach dem letzten Weltkrieg wurde Giftweizen ausgestreut, um vermeintlich Getreide für das tägliche Brot zu schützen. Bei einer Vergiftungsaktion sind 1950 über 2,5 Millionen Spatzen allein im Bundesland Hessen getötet worden.

Groß und Klein machen seit jeher Jagd auf den Spatzen. Nicht nur böse Buben zogen mit Zwillen und Luftgewehren in den Kampf, um Spatzen abzuknallen. Tierquälerei als Spiel? Ein Wettkampf, bei dem ein kleiner Vogel auf der Strecke bleibt. Aber das war eher harmlos im Vergleich zu den Vernichtungskämpfen, die aus Chemielabors der Neuzeit kommen. Die Spatzenhatz ist heute nicht beendet; nur die Waffen haben sich geändert. Außerdem wurde an der Strategie gefeilt: In vorderster Front stehen jetzt Insekten auf der Todesliste. Um sie zu bekämpfen, ging der chemische Feldzug in den 1960er-Jahren in die nächste Runde. Seither wurden weltweit viele Milliarden Tonnen Pestizide auf den Feldern versprüht. Was die Menschen mit ihrer händischen Spatzenjagd nicht schafften, erledigten Gifte aus dem Chemielabor. Dem Vogel fehlt – wie vielen anderen Vogelarten auch – das Grundnahrungsmittel für die Küken: Insekten. Denn der Vogelnachwuchs braucht das Eiweiß der Käfer und Krabbler.

Der Rückgang der Insekten ist generell alarmierend und hat viele Ursachen. Die sogenannte intensive Landwirtschaft (im Gegensatz zum Biolandbau) verbraucht in Deutschland die meisten Pestizide innerhalb der EU. Die Namen der Hauptakteure auf dem Acker kennt mittlerweile jedes Kind: Glyphosat vernichtet die Ackerwildkräuter, die wiederum Nahrungsquelle und Lebensraum für Insekten sind, und Insektizide wie Neonicotinoide machen die Insekten direkt platt. Monotone Ackerlandschaften, Überdüngung und eine damit verbundene Minimierung der Pflanzenvielfalt zerstören den Lebensraum der Insekten. Hinzu kommt, dass vielfältige Strukturen wie Ackerraine und Heckenstreifen vernichtet wurden, weil immer mehr Felder zusammengelegt wurden und industrielle Ackerschläge entstanden. Zusätzlich verschwinden Flächen, weil Siedlungen, Gewerbeflächen und Straßen gebaut werden. Fachleute sprechen von Flächenversiegelung und Flächenzerschneidung.

Laut Umweltbundesamt sind im Pflanzenschutz über 900 Mittel mit rund 1800 Handelsnamen zugelassen. Die Zahl der Wirkstoffe liegt bei 276. Ein Giftcocktail, dessen Absatz bei etwa 30 000 Tonnen im Jahr liegt. Nach Berechnungen des Umweltbundesamts ergibt sich für die deutsche Landwirtschaft ein durchschnittlicher jährlicher Einsatz von 8,8 Kilogramm Pflanzenschutzmitteln je Hektar Anbaufläche.

Das ist der Status quo. Dabei geht es nicht nur um den Spatzen; es geht um funktionierende Ökosysteme, die am Kollaps sind und bald nicht mehr das menschliche Überleben sichern können. Denn auch die Überdüngung spielt eine Rolle und vielerorts weist das Grundwasser viel zu hohe Nitratwerte auf. Unser wichtigstes Lebensmittel ist in viel zu vielen Regionen nicht mehr für Babys tauglich, ja es ist gefährlich geworden.

Wie einst der Alte Fritz in vergleichsweise kleinem Rahmen schadet der Mensch also sich selbst am Ende am meisten. Ein Beispiel zeigt sehr deutlich, was Artenverlust bedeutet. Bienen und Wildbienen sind auch Insekten. Sie spielen als Bestäuber unserer Grundnahrungsmittel eine überlebenswichtige Rolle. Das wurde zu spät ins Kalkül gezogen. Gemeinsam mit Spinnentieren, Milben und Käfern werden sie dahingerafft. In China ging man besonders verschwenderisch mit Insektiziden um; und so gibt es heute viele Provinzen, in denen die Bienen ausgestorben sind. Es erübrigt sich zu erwähnen, dass dies auch für den Menschen nicht gut ist. Wenn es nicht so traurig wäre, könnte man zynisch laut auflachen, denn heute müssen die Bauern in China die Arbeit der Bienen machen. Während der Obstbaumblüte wird von Hand bestäubt. Die Natur hat sich bis heute nicht erholt.

Die Eigenart des Menschen, auf komplexe Zusammenhänge in der Natur eindimensional zu reagieren, kann nur als dumm bezeichnet werden. Der »Homo sapiens«, was so viel wie verstehender Mensch heißt, hat auf dem Weg durch die Jahrtausende nicht viel gelernt. Sein Handeln ist eine endlose Folge von Ausrottungen. Der Blick in die Zukunft stimmt traurig. Der Begriff »Bevölkerungsexplosion« lässt nichts Gutes ahnen. Ein Milliardenheer von Menschen, die sich nicht schlauer als ihre Ahnen aufführen, sorgt für das Armageddon der Tiere. Da kann man nur auf die Kinder hoffen. Sie entwickeln oft ein besonderes Verhältnis zu kleinen Vögeln.

Trotz der robusten Natur des kleinen Vogels stürzt die Population der Spatzen schon jetzt ins Bodenlose. Weltweit wird sein Bestand noch auf 500 Millionen Vögel geschätzt – das ist selbst für einen Allerweltsvogel mit einer hohen Vermehrungsrate nicht viel. Täglich nehmen die Zahlen weiter ab. Dafür gibt es viele Gründe: Die Monokultur in der industrialisierten Landwirtschaft, Insektizide und Herbizide auf dem Acker, das damit verbundene Insektensterben und ein Overkill an Stahl, Beton und Glas in den Städten tragen zum Spatzenschwund bei.

Der moderne Mensch hat zwar dazugelernt, doch im Handeln ist er schwach. Er führt weiter Krieg gegen den Spatzen und all seine tierischen Verwandten. Die Geschichte der Menschheit ist eine Geschichte der Umweltzerstörung. Das Verhältnis zwischen Spatzen und Mensch ist auch im 21. Jahrhundert problematisch geblieben. Einerseits lieben wir den frechen Vogel, andererseits machen wir ihm das Leben schwer. Dabei ist er ein Überlebenskünstler und Menschenfreund. Er lebt als sogenannter Kulturfolger gern mit uns unter einem Dach. Kein anderer Vogel hat sich so an die Lebensweise der Menschen angepasst wie der Spatz. Er ist eben kein kapriziöser Paradiesvogel, sondern einer von uns. Er könnte der Symbolvogel der Globalisierung sein, denn er hat überall auf der Erde Verwandte. In Deutschland lebt sein »Vetter«, der Feldsperling. In Südeuropa leben Weidensperling, Italiensperling und Steinsperling, der auch in Nordafrika, Asien und im Nahen Osten noch anzutreffen ist. Es gibt über 30 weitere Arten. Doch die Bestände von *Passer domesticus* und seinen Verwandten brechen rund um den Globus dramatisch ein. Heißt es bald *Passer* passé?

MIT EINEM WELLENSITTICH GROß GEWORDEN – FEDERLES ERSTAUNLICHE JUGENDGESCHICHTE

Die Hoffnung hatten wir schon aufgegeben. Die Hoffnung, jemals zu erfahren, woher Federle angeflattert kam, wer das Vögelchen aufgezogen und in die Freiheit entlassen hatte. Oder war es gar entflogen? Denn das ganze Verhalten unseres neuen gefiederten Familienmitglieds zeigte überdeutlich, dass das Spatzenmädchen in menschlicher Obhut gewesen sein musste. Immer wieder haben wir uns umgehört, Nachbarn gefragt, ob sie etwas von einem jungen, zahmen Spatzen gehört hätten oder ob sie Leute kennen würden, die Vögel aufpäppeln. Doch niemand konnte uns weiterhelfen. Dabei beteiligten sich viele an der Spatzen-Herkunftsforschung und befragten ihrerseits Bekannte und Verwandte. Unser Federle wurde schnell zu einer kleinen Vogelberühmtheit. Nachbarn kamen mit Kindern oder Enkeln, um den zahmen Spatzen zu sehen. Andere Fans legten ihre Spazierrouten so, dass sie an unserem Garten vorbeikamen, um ihren Besuchern den zutraulichen Vogel zu zei-

gen. Alle waren vernünftig und akzeptierten unseren Hinweis, auf keinen Fall irgendwelches Futter mitzubringen und Federle über den Lattenzaun zu locken. Denn auf der angrenzenden Straße kamen allzu viele Autos vorbei. Wir befürchteten, der Vogel könnte in einem unbedachten Moment von einem Fahrzeug erfasst werden. Denn Federle hatte sich gleich neben der wild wachsenden Hecke aus Hasel-, Weißdorn-, Hartriegel-, Liguster-, Pfaffenhütchen- und Wildrosensträuchern gerade auch den Lattenzaun als gelegentliche Tagessitzwarte auserkoren. Und immer wieder flatterte das Vögelchen auch einzelne Passanten an und suchte offensichtlich Kontakt. Von wegen spatzentreu! Eines Tages sahen wir, wie eine vom Einkaufen zurückkehrende Frau von Federle intensiv bedrängt wurde – und das, obwohl sie bei uns schon genug Futter bekommen hatte. Der Vogel schien einfach Unterhaltung einzufordern. Wir kamen ins Gespräch und berichteten, wie uns Federle an jenem Sommersonntag plötzlich, wie vom Himmel gefallen, zugeflogen war und uns seither nicht mehr in Ruhe ließ. Daraufhin erzählte die Frau: »Da oben am Ortsrand, in der letzten Straße, wohnt eine junge Frau, die schon verletzte oder junge Vögel gepflegt hat, sie heißt Julie.« Sollten wir über diese Unterhaltung weiterkommen? Wir hatten schon nicht mehr damit gerechnet. Ohne Julies Nachnamen zu kennen, machte es keinen Sinn das Telefonbuch zu wälzen. Aber ich blieb hartnäckig und klapperte einige Tage später die Häuser in der Umgebung ab. Das war ganz schön mühsam – denn an den Briefkästen stehen selten Vornamen. Julie war einfach nicht zu finden. Also hieß es in größerem

Umkreis weitersuchen, klingeln und sicher die einen oder anderen nach Feierabend nerven. Gerade so, wie uns Federle schon gut 20 Wochen nervte und gleichermaßen faszinierte. Ich war kurz davor aufzugeben, doch sollte sich die Beharrlichkeit bezahlt machen. Wieder einmal konnte ich erleben, wie klein doch manchmal die Welt ist: Die besagte Straße war von unserem Haus gerade mal 300 Meter Luftlinie entfernt. Eines Abends hatte ich endlich Glück und traf jemanden zu Hause an – es war Julies Mutter. Und welcher Zufall – ich kannte sie und ihre Familie von früher, aber eben unter ihrem Mädchennamen. Als ich dann von ihr und Spatzenmama Julie Federles Geschichte hörte, kam ich aus dem Staunen nicht mehr heraus. Endlich war ich auf der Spatzenspur. »Im letzten Jahr – es war der 5. Juli – wurden auf dem Dachboden eines Hauses bei Ludwigsburg, das saniert werden sollte, drei junge Spatzen gefunden«, erzählte Julie. »Wie die Leute auf mich kamen, weiß ich auch nicht so genau. Das ging über fünf Ecken und trotzdem

ganz schnell – jedenfalls wurden die Vögel eines Abends bei mir abgegeben. Zwei machten einen recht fitten Eindruck; doch einer war ziemlich klein und hatte ein völlig verklebtes Gefieder.« Und dann berichtete Julie, wie sie die Vögel aufpäppelte. Das erforderte ganz erheblichen Einsatz. Anfangs fertigte sie einen Brei aus Vogelfutter, Haferflocken, Wasser und Heimchen (Hausgrillen) sowie selbst gezüchteten Mehlwürmern; das sind die Larven des Mehlkäfers. Diese Insekten werden 10 bis 15 mm groß und gelten als Vorratsschädlinge, weshalb meine Oma und Uroma, als es die heutigen Lagermöglichkeiten noch nicht gab, das in der Schublade aufbewahrte Mehl mit einem speziellen Rüttelsieb vor dem Kochen oder Backen immer erst durchschüttelten, um mögliche Eier, Mehlwürmer oder deren Puppenstadien zu entfernen. Das machten früher alle Leute auf dem Land so. Heute werden Mehlwürmer gezüchtet und lebend oder getrocknet als proteinreiches Futter für Terrarientiere verkauft. Zunehmend werden getrocknete Mehlwürmer auch als Lebensmittel verkauft. Als Proteinquelle könnten sie in Zukunft eine Rolle auch in der menschlichen Ernährung spielen – mein Ding ist das nicht.

In der Obhut von Julie und ihrer Mutter Andrea gediehen die zwei älteren Jungspatzen prächtig. Die beiden größeren Geschwister von Federle konnte Julie, als sie dann in ihrer Voliere allein das dargereichte Futter aufnahmen und auch Körner verspeisten, nach einigen Wochen schnell wieder in die Freiheit entlassen. »Sie flogen von dannen und kamen nicht wieder«, erzählte sie lachend. Der mickrige Vogel mit dem verklebten Gefieder blieb jedoch das Sorgenkind. »In *der Natur hätte das arme Geschöpf bestimmt keine Chance gehabt«, bekräftigte Julies Mutter Andrea. Immer wieder reinigten die beiden Frauen das verklebte Federkleid. Mittlerweile hatten sie den jungen Spatzen »Friederike« getauft. Trotz bester Fürsorge konnte Friederike – unsere spätere Federle – nicht fliegen und brauchte ständiges Pflegen und Füttern. Deshalb begleitete das Vögelchen Julie auch zur Arbeit nach Stuttgart und zu Besuchen bei Freunden. Da auch Mutter Andrea berufstätig war, konnte sie nur an Abenden und an Wochenenden zur Entlastung in die aufwendige Spatzenpflege einsteigen. Aber das war auch nicht immer möglich, und so verbrachte Friederike – alias Federle – auch mal ein Wochenende in Frankfurt. Wohin Julie auch ging, nahm sie den kleinen Spatzen und dessen Futter mit. »Ich habe Glück, eine Arbeitsstelle und Vorgesetzte zu haben, die meine Spatzenfürsorge ermöglichten; ja diese sogar toll fanden. Das ist nicht selbstverständlich.« Jedenfalls ging das Ganze so lang, bis der kleine Vogel begann wenigstens von selbst zu fressen. Damit der Spatz sich auch sonst wohlfühlte und an die spätere Freiheit gewöhnt wurde, bekam er eine größere Voliere auf der Terrasse. Doch so richtig selbstständig wurde die damalige Friederike nicht. Die kleine Spatzendame machte keinerlei Anstalten zu fliegen. Doch sie sollte nicht einsam in der Voliere sitzen. Daher erwarb Julie bei einem Händler, der auch Käfigvögel mit Handicap verkaufte, einen Wellensittich. Angeblich könnte der Wellensittich auch nicht fliegen, hatte der Händler versichert. Spatz und Sittich gewöhnten sich schnell aneinander. Beide liefen und kletterten munter in der Voliere herum – von Flugversuchen keine Spur. »Ab diesem Zeitpunkt haben wir das eigenartige Vogelpaar nur noch die Weasleys, wie die gleichnamige Familie aus Harry Potter, genannt«, erzählt Julie lachend. Aus Friederike wurde also Weasley. Doch dann bekam die Geschichte eine Wendung. Der Wellensittich erholte sich, und eines Tages flog er in der Voliere herum. In einem unbedachten Moment, als die Käfigtür zum Füttern und Saubermachen offen stand, entschwand er jedoch auf Nimmerwiedersehen und das Spatzenmädchen war wieder allein. Aufgrund des nach Julies Ansicht noch immer sehr schlechten Gefieders durfte der Spatz mit Beginn der kalten Wintertage mitsamt der Voliere ins Wohnzimmer ziehen. Nach und nach bekam der Vogel dank der guten Pflege ein solch komplettes Gefieder, dass die Spatzendame doch noch anfing herumzuflattern. »Natürlich haben wir sie dann mehrfach täglich auch im Wohnzimmer herumfliegen lassen. Aber sie war schon sehr zutraulich geworden, setzte sich auf meinen Kopf, kletterte auf meinen Schultern umher und legte sich in meine Handflächen«, berichtete Julie. »Es war fast unmöglich, ungestört zu essen, da Friederike Weasley so frech war, ständig vom Teller fressen wollte und Essbares auch aus der Hand klaute.« Um den Vogel an die mögliche Freiheit zu gewöhnen, durfte er dann im April – zehn Monate nachdem er eigentlich schon todgeweiht aufgefunden wurde – samt der Voliere wieder auf die Terrasse ziehen. Verantwortungsvoll versuchten Julie und ihre Mutter, nach Möglichkeit näheren Kontakt zu vermeiden, ließen den Käfig offen und stellten auch außerhalb davon, regengeschützt und katzen-*

sicher, Vogelfutter auf. Damit wollten sie wilde Spatzen anlocken und so für den Pflegling einen Kontakt zu den Artgenossen herstellen. Dann entschloss sich Julie schweren Herzens, den so liebevoll aufgepäppelten Vogel in die Freiheit zu entlassen. »Es ist mir wirklich nicht leichtgefallen, aber es ist ein Wildtier und muss deshalb wieder in die freie Natur zurück«, erzählte sie. »Am 9. Mai habe ich Weasley dann aus dem Käfig genommen und er flog davon und kam nicht wieder. Wir waren echt erleichtert.« Der 9. Mai! Das war genau der Tag, als Weasley, alias Friederike, alias Hanselmann, alias Federle, bei uns auf dem Terrassentisch einfiel. Der Tag, als unser Spatzensommer begann und das kleine Wesen unseren Alltag fast ein wenig auf den Kopf stellte. Warum Federle gerade uns, unsere Terrasse, unser Haus, unseren Garten aussuchte, obwohl es in der Umgebung zum Glück noch einige andere Gärten gibt, bleibt ein Rätsel. Der Vogel konnte ja nicht wissen, dass ich ohnehin vorhatte, an jenen Sommertagen das längst mit Eva geplante Spatzenbuch zu schreiben. Oder doch? Vielleicht gibt es ja tatsächlich Wunder!

DAS SPATZENJAHR …

… ist ganz schön turbulent, arbeitsreich und voller Gefahren für unsere gefiederten Nachbarn.

JANUAR:

Entspannen und früh schlafen gehen

Es wird früh dunkel – warum also unterwegs sein? Im Januar ziehen sich die Spatzen rechtzeitig in Hecken, Büsche, Nischen und andere Verstecke zurück und suchen dort ihre Schlafplätze auf. Es ist eine entspannte Zeit. Man hört sie laut gemeinsam tschilpen und kann sie an den Futterhäuschen beobachten.

FEBRUAR:

Der frühe Vogel kriegt die Frau

Der Frühling ist zwar noch fern, doch die ruhigen Wintertage sind allmählich vorüber. Die ersten Männchen machen sich schon wichtig und versuchen, mit auffälligen Balzflügen und lautem Rufen auf sich aufmerksam zu machen.

MÄRZ:

Aufräumen, bauen und Familie gründen

War die Partnersuche erfolgreich, muss alles schnell gehen. Die wärmende Frühlingssonne bringt die Hormone in Schwung. Es kommt flugs zur Paarung. In der näheren Umgebung wird alles gesammelt, was für den Nestbau geeignet erscheint. Beide bauen das Nest gemeinsam, doch sie ist mehr für die Inneneinrichtung zuständig. Neben Stroh, Grashalmen, Heu, Haaren und Federn landet leider oft auch jede Menge Müll im Nest. Die Küken sollen es schön weich haben.

APRIL:

Die Küken sind geschlüpft

Es ist ein hektischer Monat; die Brutzeit hat begonnen. Vier bis sechs Eier liegen im Nest, die vom Weibchen größtenteils allein bebrütet werden. Die Eier dürfen nicht auskühlen. Wenn die Küken nach zwei Wochen nackt, blind und völlig hilflos schlüpfen, beginnt eine stressreiche Zeit. Ständig reißt der Nachwuchs den Schnabel auf und bettelt. Bis zu 400 Insekten müssen im Schnitt pro Tag herangeschafft werden.

MAI:

Der Nachwuchs ist flügge

Raus aus dem Nest! Der Nachwuchs entdeckt die Welt – und landet nicht selten als Bruchpilot irgendwo in der Gefahrenzone. Obwohl die Jungvögel flügge sind und schon sehr gut fliegen können, füttern die Alten den Nachwuchs noch etwa zwei Wochen. Die Jungvogel-Diät besteht nun nicht mehr ausschließlich aus Insekten. Sie bekommen schon pflanzliche Kost zugefüttert und fangen langsam an, selbst nach Nahrung zu suchen. Leider stehen sie selbst oft auf der Speisekarte vieler Feinde.

JUNI:

Und schon wieder Nachwuchs im Nest

Kaum ist die erste Kükengeneration des Jahres selbstständig und gemeinsam mit anderen Jungvögeln auf Nahrungssuche, sind die Vogeleltern schon wieder im Stress. Die zweite Brut erfordert ihre ganze Aufmerksamkeit. Die anstrengende Aufzucht beginnt von vorn. Es ist eine kräftezehrende Zeit. Spatzen ziehen in guten Jahren bis in den August hinein bis zu vier Bruten auf.

JULI:

Alte Federn fallen aus

Die Familie ist gewachsen, in der Kolonie geht es recht lebhaft zu. Es wird getschilpt und gerufen. Der Flugbetrieb ist enorm; und das, obwohl den Spatzen die alten Federn ausfallen. Sie sind in der Mauser. Anders als bei Enten, die mit einem Schlag nicht mehr fliegen können, bleiben Spatzen die ganze Zeit flugfähig, obwohl einige ziemlich gerupft aussehen. Die neuen Federn wachsen flugs nach. Auch die Jungvögel mausern sich in ihrem ersten Lebensjahr. Nach der Mauser tragen sie endgültig das Federkleid der Altvögel.

AUGUST:

Der Nachwuchs zieht endgültig aus

Allmählich kehrt Ruhe im Nest ein. Die anstrengende Zeit der Fortpflanzung ist beendet. Die Natur bietet jetzt überall Nahrung. Die Leichtigkeit des Sommers beginnt. Jung und Alt schließen sich zu Gruppen zusammen und genießen die Zeit mit der gemeinsamen Nahrungssuche. Man trifft sich auf Rastplätzen und entspannt.

SEPTEMBER:

Wer zuerst kommt, besetzt das Revier

Mit dem sinkenden Stand der Sonne gilt es, die Eigentumsverhältnisse der angestammten Nistplätze und Reviere erneut zu klären, damit am Ende kein Streit entsteht. Die Männchen melden ihre Ansprüche mit lautem Gesang an. Schwärme lösen sich auf. Herr Spatz muss jetzt schon ans nächste Jahr denken.

OKTOBER:

Jungvögel suchen Nistplätze

Spätestens jetzt ist die Zeit für die Jungvögel gekommen, einen geeigneten Platz für den Nestbau zu suchen. Im nächsten Jahr werden sie das erste Mal selbst brüten. Eifrig werden Hohlräume und Ritzen in Gebäuden begutachtet. Dort befinden sich auch gute Schlafplätze für die Zeit des Winters.

NOVEMBER:

Wohlfühlzeit mit Federpflege und Renovierungsarbeiten

Das Jahr geht ruhig zu Ende. Die Spatzen pflegen sich, baden im Sand oder in Pfützen und verbringen viel Zeit in Gemeinschaft. Der Stress der Balz, Brut und Kükenaufzucht ist vorüber. Ganz entspannt wird jetzt am Nest herumgewerkelt. Es wird gesäubert und altes Nistmaterial ausgetauscht. Die Vorbereitung auf die nächste Brutsaison ist in vollem Gange.

DEZEMBER:

Aus Braun wird Schwarz

Es ist der ruhigste Monat des Jahres. In erster Linie sind die Spatzen mit der Futtersuche beschäftigt. Wer jetzt ein Futterhaus aufstellt, kann sie beim Fressen gut beobachten. Dabei fällt auf, dass sich der Schnabel bei einigen Männchen schon umgefärbt hat. Er war vorher braun und ist jetzt schwarz – damit kündigt sich die kommende Balz an.

EI, EI, EI – FEDERLE LEGT EIN EI

Na so was, ich traute meinen Augen nicht! Dort, wo Federle beim Pendeln zwischen ihrem Lieblingsplatz in der Hecke, dem Gesims am Nachbarhaus und unserer Terrasse immer eine Zwischenrast einlegte, wo sie immer wieder größere Bröckchen von stibitztem Essen mit Abstand zu uns verspeiste, lag plötzlich ein Vogelei. Unversehrt, und nach meinen Überprüfungen in den diversen ornithologischen Handbüchern zweifellos ein Spatzenei. Ein Ei von Federle? Aber sie war doch solo und hatte sich der Avancen von Spatzenmännchen erfolgreich erwehrt. Nein, das konnte nicht sein.

Bei diesem bevorzugten Sitzplatz handelte sich um einen aus Natursteinen gemauerten Pfeiler, der so beschaffen war, dass er gleichzeitig einen Pflanztrog darstellte. Die dort gepflanzten – von mir eigentlich gehassten – Geranien zogen Federle magisch an. Zu den Pflanzen habe ich jetzt ein etwas anderes Verhältnis, seit ich entdeckte, wie der kleine Spatz nach Regenfällen mit Vorliebe Wasser, das in den Geranienblättern stehen blieb, mit dem Schnabel aufnahm. Und dies, obwohl es einen Gartenteich und auch zwei Vogeltränken gab. Wollte sich Federle mit seinem Ei-Geschenk für die Tränke und unsere Fürsorge bedanken?

Wer weiß schon, was in so einem kleinen Spatzenhirn vorgeht. Dennoch konnte ich nicht glauben, dass da ein unbeschädigtes Spatzenei lag. Ohne Zweifel war es nicht von irgendeinem Tier, das ein Spatzennest ausgeraubt hatte, verloren worden. Nein, es war sorgfältig abgelegt in Federles Lieblingsecke. Sofort angestellte Recherchen in Büchern und verschiedenen Internetportalen brachten für mich keine befriedigenden Ergebnisse. Also rief ich – wie oft in solchen Fällen – Vogelprofessor und Freund Claus König an. »Ja, das kann schon vorkommen, dass Vögel einfach so ein Ei legen. Oft findet man solche Eier außerhalb der Nester nicht, weil sie von Elstern oder Krähen aufgepickt werden. Aber dazu habe ich eine Geschichte für dich, die zeigt, dass es in der Natur vieles geben kann, von dem wir keine Vorstellung haben«, erzählte Claus. Er berichtete von Storchi, einem Weißstorch, der im Naturschutzgebiet Favoritepark in Ludwigsburg lebte, wo die damalige Staatliche Vogelschutzwarte Baden-Württemberg, die Claus zu der Zeit leitete, untergebracht war. Storchi war bei der Bevölkerung sehr bekannt und beliebt. »Storchi wurde uns als einzig überlebender Jungvogel aus einer durch Unwetter zerstörten Brut bei Heilbronn gebracht. Es war klar, dass er vermutlich nie mehr in freier Natur würde überleben können, und so haben wir ihn Jahre lang als gefiederten Angehörigen der Vogelwarte unter anderem mit Eintagsküken gefüttert. Er flog viel in der Umgebung herum, kehrte aber regelmäßig zum Favoritepark zurück, der seine Heimstatt war. Immer dachten wir, Storchi wäre ein Männchen«, so Claus, der auch nach Jahrzehnten begeistert über seine Er-

lebnisse mit Wildvögeln berichtete. »Du kannst es dir nicht vorstellen, wie ich gestaunt habe, als unser Storchi eines Tages nach all der Zeit auf einen Baumstumpf im Park ein Ei hingelegt hat. Unser Pflegling war also kein Männchen, sondern ein verkanntes Weibchen. Wer hätte damit gerechnet!« Claus lachte und machte mir zugleich klar, dass das uns von Federle verehrte oder auch »nur so« hingelegte Ei durchaus in der Vogelwelt nichts Unnormales war. Storchi wurde übrigens 23 Jahre alt, ein Alter das Spatzen und andere Kleinvögel nie erreichen.

SPATZEN-GESCHICHTEN UND GEFLÜGELTE WORTE

Über die Zeiten hinweg sind Spatzen in Sagen, Märchen und allerlei Erzählungen geflattert. Und sie haben es in so manches Gemälde geschafft. Machen wir uns ein wenig auf die Spur der Spatzen in Literatur und Kunst.

IN ULM UND UM ULM HERUM

In Ulm ist der Spatz allgegenwärtig. Es gibt ein Schiff, das die Passagiere von Mai bis Oktober über die Donau schippert. Als »Kultur-Spatz« legt es vom Metzgerturm zu einer einstündigen Dampferfahrt ab. Als »Schlauer Spatz« wird das Schiff zum schwimmenden Klassenzimmer und als »Event-Spatz« zum Partyschiff. In Ulm gibt es Hotels, Restaurants und Apotheken, die »Ulmer Spatz« heißen. Es werden Spatzen-Touren für Touristen veranstaltet, die anschließend im Spatzen-Shop alles bekommen, was das Herz begehrt. In der Gesundheitsstudie »Ulmer Spatz« geht es um die ganz Kleinen und ihre frühkindliche Entwicklung. Man kann dem Spatzen in Ulm nicht entgehen: Es gibt ihn aus Bronze gegossen oder Holz geschnitzt, auf T-Shirts gedruckt und Sofakissen gestickt, als Schlüsselanhänger oder auf Kaffeetassen. Nicht zu vergessen den berühmten Ulmer Spatzen-Chor, der vielfach ausgezeichnet ist. Sogar ein Hersteller von Backmitteln hat sich den Namen Ulmer Spatz gesichert. Essbar sind Ulmer Spatzen aus Marzipan, aus und auf Schokolade oder als Laugenspatzen.

Der Spatz ist in Ulm einfach überall. Dass die Ulmer so spatzenverrückt sind, hat geschichtliche Wurzeln, die auf einer Legende fußen. Man schrieb das Jahr 1377. Die wohlhabenden Bürger der Freien Reichsstadt wollten die prächtigste Kirche bauen, die das Land je gesehen hatte. Ehrgeizig strebten sie außerdem an, den höchsten Turm zu errichten. Die Bauarbeiten für das Ulmer Münster waren in vollem Gang. Dafür brauchte es jede Menge Holz, das vor den Toren der Stadt geschlagen wurde. Wer hoch hinauswill, benötigt lange Baumstämme für die Holzbalken. Die waren zwar im Wald geschlagen worden, doch erst beim Transport in die Stadt bemerkten die Bauarbeiter, dass die Stämme viel zu lang waren, um sie durch das Stadttor zu bugsieren. Es war einfach zu schmal. Die Balken ragten über den Wagen hinaus – gleichgültig, wie die Männer die Fuhre auch schichteten.

Was nun? Man beratschlagte: Bürger und Baumeister, Ratsherren und Stadträte – sie alle fanden keine rechte Lösung und planten schon, das Stadttor niederzureißen, um die Stämme zur Baustelle zu transportieren.

Was dann geschah, war quasi der berühmte Wink mit dem Zaunpfahl: Ein kleiner Spatz hatte einen Getreidehalm quer im Schnabel und flog damit auf den Torbogen zu. Um weiter an sein Nest zu gelangen, musste er den Halm durch einen schmalen Spalt schieben. Das schaffte er nur, weil er den Getreidehalm in seinem Schnabel in Längsrichtung gedreht hatte – und schon passte das sperrige Teil in den Spalt.

Von wegen Spatzenhirn! Man mag es kaum glauben: Der kleine Vogel zeigte den großen Baumeistern, wie es geht. Sie drehten schließlich die Holzbalken auf dem Gefährt in die Längsrichtung und was quer nicht gepasst hatte, rollte nun problemlos durch das Tor.

Ob sich die Geschichte wirklich so ereignet hat, weiß heute niemand mehr zu sagen. Jedenfalls wurde später auf dem Dach des Münsters die Figur eines Spatzen mit einem Halm im Schnabel errichtet. Es gibt böse Zungen, die behaupten, es hätte sich dabei um eine Friedenstaube gehandelt, die ein reicher Bürger spendiert hatte. Aber wie es so ist mit Legenden – am Ende überlebt die bessere Geschichte. Und im Laufe der Geschichte haben es die Ulmer als große Baumeister auch geschafft: Seit 1890 hat das Münster der ehemals Freien Reichsstadt mit einer Höhe von 161 Metern den höchsten Kirchturm der Welt.

IN DEN AUGEN DER KÜNSTLER

Spatzen machen fürwahr Geschichte und Geschichtchen. Sie sind in die Literatur eingegangen, wurden in Gedichten und Kunstwerken festgehalten und besungen. »Der Sperling, der Sperling – der bringt der Braut den Ehering«, heißt es in dem volkstümlichen Lied »Die Vogelhochzeit«. Alte Meister und junge Zeichner haben den Spatzen zu allen Zeiten beobachtet und in ihren Werken verewigt. Cornelis De Heem malte 1657 ein Prunkstillleben mit kopulierenden Spatzen, das heute im Städel Museum in Frankfurt hängt. Franz Marc (1880–1916) berührte die Betrachter mit dem Ölgemälde »Der tote Spatz« und Vincent van Gogh erschüttert mit seinen »Studien über einen gestorbenen Spatzen« (1885). Der hochsensible Maler hat mit dem Bleistift die Seele der Kreatur im Vergehen eingefangen. Janosch malte für die Deutsche Wildtier Stiftung ein Poster mit dem Titel »Rettet den Spatz«, das ein zerzaustes Spatzenküken zeigt. Der beliebte Kinderbuchautor sagte: »Der Spatz ist mein Lieblingsvogel. Ich hätte gerne einen Spatzen, der freiwillig zahm ist und der in meiner Bude herumfliegt und sich dann auf meinen Bleistift setzt …«

Wenn Kinder Vögel malen, sehen die Zeichnungen häufig Spatzen sehr ähnlich – kein Wunder. Oft sind diese Alltagsvögel die einzigen Wildtiere, die Kinder heute noch vor der Haustür erleben können.

DER SPATZ IST EIN GEDICHT

Spatzen berühren die Menschen seit jeher. Vielleicht, weil die »kleinen Leute« sich eher mit Spatzen identifizieren können als mit dem prächtigen Pfau, der durch die Schlossgärten stolziert. Die Zahl der Kinderbücher zum Thema »Spatz« oder mit Spatzenerzählungen ist unüberschaubar. Da begegnet ein kleiner Spatz einem Ungeheuer, das sich als Kuh entpuppt, oder er flattert als »Spatz Henry« oder »Fritz der Spatz« durch die Seiten der Kinderbücher und erobert die Welt.

Auch die Erwachsenen fühlen sich zum Spatzen hingezogen. Ein häufiges Motiv in der Alltagsmalerei wie auch in der Fotografie sind die drei Spatzen im Winter – gewiss angeregt durch das Gedicht von Christian Morgenstern (1871–1914):

Die drei Spatzen

In einem leeren Haselstrauch,
da sitzen drei Spatzen, Bauch an Bauch.
Der Erich rechts und links der Franz
und mittendrin der freche Hans.
Sie haben die Augen zu, ganz zu,
und obendrüber, da schneit es, hu!
Sie rücken zusammen dicht an dicht.
So warm wie der Hans hat's niemand nicht.
Sie hör'n alle drei ihrer Herzlein Gepoch.
Und wenn sie nicht weg sind, so sitzen sie noch.

Kommt der Frühling, sind die Spatzen nicht weit. Auch in der Literatur. Joseph von Eichendorff (1788–1857) beschrieb in seinem Gedicht sehr treffend das ruhelose Treiben der Spatzen, wenn der Schnee schmilzt:

Die Sperlinge

Altes Haus mit deinen Löchern,
Geiz'ger Bauer, nun ade!
Sonne scheint, von allen Dächern
Tröpfelt lustig schon der Schnee,
Draußen auf dem Zaune munter
Wetzen unsre Schnäbel wir,
Durch die Hecken rauf und runter,
In dem Baume vor der Tür
Tummeln wir in hellen Haufen
Uns mit großem Kriegsgeschrei,
Um die Liebste uns zu raufen,
Denn der Winter ist vorbei!

Die Lyrikerin Monika Minder (geb. 1961 in der Schweiz) ließ ihre drei Spatzen sehr zur Freude der Kinder nach Madagaskar fliegen, und Kurt Tucholsky (1890–1935) konnte nicht umhin, den Spatzen etwas abfällig in seinem Frühlingsgedicht wie folgt zu beschreiben: »… alles ist hellblau und laut, die Spatzen fiepen und sielen sich in blauen Lachen, die Knospen knospen mit einem kleinen Knall …« Der Spatz gehört für Tucholsky wie selbstverständlich zum Frühling.

Oft wird dem kleinen Vogel eine gewisse Form von Verachtung entgegengebracht. Er ist eben kein Paradiesvogel. Der dreckige Spatz – er ist ja nichts wert. In der Bibel wird dem Menschen versichert: »So fürchtet euch denn nicht; ihr seid besser als viele Sperlinge.« (Matthäus 10/31) und »Verkauft man nicht fünf Sperlinge um zwei Pfennige? Dennoch ist vor Gott deren nicht eines vergessen.« (Lukas 12/6). Mit anderen Worten: Auch wenn ihr Nichtsnutze wie die Spatzen seid – der liebende Gott hat euch nicht vergessen.

Treffend und liebevoll dagegen beschreibt Wilhelm Busch (1832–1908) den Vogel in seinem Gedicht:

Der Spatz

Ich bin ein armer Schreiber nur,
Hab' weder Haus noch Acker,
Doch freut mich jede Kreatur,
Sogar der Spatz, der Racker.

Er baut von Federn, Haar und Stroh
Sein Nest geschwind und flüchtig,
Er denkt, die Sache geht schon so,
Die Schönheit ist nicht wichtig.

Wenn man den Hühnern Futter streut,
Gleich mengt er sich dazwischen,
Um schlau und voller Rührigkeit
Sein Körnlein zu erwischen.

Maikäfer liebt er ungemein,
Er weiß sie zu behandeln;
Er hackt die Flügel, zwackt das Bein
Und knackt sie auf wie Mandeln.

Im Kirschenbaum frisst er verschmitzt
Das Fleisch der Beeren gerne;
Dann hat, wer diesen Baum besitzt,
Nachher die schönsten Kerne.

Es fällt ein Schuss. Der Spatz entfleucht
Und ordnet sein Gefieder.
Für heute bleibt er weg vielleicht,
Doch morgen kommt er wieder.

Und ist es Winterzeit und hat's
Geschneit auf alle Dächer,
Verhungern tut kein rechter Spatz,
Er kennt im Dach die Löcher.

Ich rief: »Spatz, komm, ich fütt're dich!«
Er fast mich scharf ins Auge.
Er scheint zu glauben, dass auch ich
Im Grunde nicht viel tauge.

Johann Wilhelm Hey (1798–1854) lässt in seinem Gedicht eine Zeit lebendig werden, in welcher der Spatz ideale Bedingungen hatte. Im Dialog zwischen Sperling und Pferd wird deutlich, wie eng die Natur im Geben und Nehmen verwoben ist.

Sperling und Pferd

Sperling: »Pferdchen, du hast die Krippe voll;
Gibst mir wohl auch einen kleinen Zoll,
ein einziges Körnlein oder zwei;
du wirst doch immer satt dabei!«
Pferd: »Nimm, kecker Vogel, nur immer hin!
Genug ist für mich und dich darin.«
Und sie aßen zusammen, die zwei,
litt keiner Mangel und Not dabei.
Und als dann der Sommer kam so warm,
da kam auch manch böser Fliegenschwarm.
Doch der Sperling fing hundert auf einmal,
da hatte das Pferd nicht Not und Qual.

MÄRCHENHAFTE VÖGELCHEN

In Märchen gibt es nicht nur Hexen, Prinzessinnen und Könige. Auch Spatzen flattern munter durch die Geschichten. Selbst die Brüder Grimm haben dem Vogel ein erzählerisches Denkmal im Märchenreich gesetzt. In der Erzählung »Der Hund und der Sperling« rächt der Spatz seinen Freund den Hund, indem er einen Fuhrmann bis in den Tod treibt. Rücksichtlos hatte dieser den schlafenden Hund mit seinem Fuhrwerk überrollt und getötet. Wie schnell sich das Schicksal doch wenden kann: Der Spatz bedroht den Mann mit dem Tod – doch der lacht ihn nur aus. Zuallererst zieht der Spatz den Spund aus den Fässern, die der Fuhrmann transportierte. Der ganze Wein fließt auf die Straße. Dann pickt der Vogel dem Pferd die Augen aus, und am Ende muss der Fuhrmann, der seine gesamte Ladung verloren hat, zu Fuß nach Hause gehen. Dort erwartet ihn der Spatz schon. Wütend fordert der Fuhrmann seine Frau auf, den Vogel zu erschlagen, nachdem er das gesamte Haus verwüstet hat. Doch die Frau trifft den Fuhrmann so unglücklich, dass er tot umfällt. Die Moral von der Geschicht': Leg dich nicht mit Spatzen an …

Das russische Märchen »Der Spatz, das Mäuschen und der Pfannkuchen« fußt auf dem Grundsatz: Schuster, bleib bei deinen Leisten. Alle drei – Spatz, Mäuschen und Pfannkuchen – bewirtschaften gemeinsam einen Haushalt. Jeder hat seine Aufgabe: Die Maus holt Holz, der Pfannkuchen kocht und der Spatz muss den ganzen Tag Nahrung für alle drei sammeln. Das macht den Vogel wütend. Er glaubt, dass die anderen zwei nur auf der faulen Haut liegen. Die Aufgaben werden getauscht – und das Drama nimmt seinen Lauf. Der Pfannkuchen kann nicht jagen und Pilze sammeln, die Maus verbrennt sich beim Kochen und der Spatz kann kein Holz holen. Er schämt sich fürchterlich. Und wenn sie nicht gestorben sind, dann leben sie weiter friedlich und erledigen alle drei die Arbeit, die sie auch beherrschen.

Nicht nur in Deutschland hat der Spatz einen festen Platz in der Welt der Mythen und Märchen. Ein Beispiel aus Japan zeigt, dass selbst »der große Samurai«, der Held in unzähligen Kriegen, von einem Spatz lernen kann. Als der Samurai aus seinem ersten Kampf gedemütigt als Verlierer hervorging, war er zornig auf sich selbst und dachte an Selbstmord. Er ging mit gesenktem Kopf über die Straße, sah einen Spatzen auf dem Rücken liegen und seine Beinchen in den Himmel strecken. Der Samurai fühlte sich von dem unwürdigen Federvieh belästigt und rief: »Geh mir aus dem Weg.« Doch der Spatz dachte nicht daran. Als der Samurai fragte, was er da mache, entgegnete der Vogel: »Heute fällt uns der Himmel auf den Kopf – und ich fange ihn mit meinen Füßen auf.« Da brach der depressive Samurai in schallendes Gelächter aus. Der selbstbewusste Spatz erwiderte: »Man tut, was man kann.«

In der japanischen Sage vom »Sperling mit der durchschnittenen Zunge« wird der kleine Spatz zum Glücksbringer. Am Ende der Geschichte siegt das Gute und das Böse wird bestraft. Es geht um einen alten Mann, der mit einer zänkischen Frau zusammenlebt. Eines Tages findet er einen kleinen Sperling, der hilflos am Boden sitzt. Er nimmt das Vögelchen mit nach Hause, pflegt es und zieht es groß. Seine böse Frau jedoch neidet dem Spatzen jedes Körnchen, dass er pickt. Sie nimmt eine Schere und schneidet dem Vogel die Zunge durch. Verletzt verlässt das Tier das Haus und ward nicht mehr gesehen. Doch der alte Mann vermisst den Vogel und sucht ihn überall. Schließlich steht er vor der Tür eines wunderschönen, reich ausgestatteten Hauses. Oh Wunder, die junge Frau, die ihm öffnet, ist das verzauberte Vögelchen. Sie bewirtet den alten Mann königlich und will ihm zum Abschied ein Geschenk machen. Unter unterschiedlich großen Kästchen wählt der bescheidene Mann das allerkleinste. Als er wieder zu Hause ist, stellt sich heraus, dass dieses Kästchen über und über mit Juwelen gefüllt ist. Er erzählt seiner Frau von all den anderen Kisten – und, man ahnt es, sie beschimpft ihn, weil er nicht die größte genommen hat. Und so macht sie sich auf den Weg, um das Haus zu suchen. Sie wird ebenfalls hereingebeten und reichlich bewirtet. Mit der größten Kiste schleppt sie sich mühsam ab und kommt völlig erschöpft wieder zu Hause an. Als sie die Kiste öffnet, erscheinen die schrecklisten Gespenster, die die Frau bis an ihr Lebensende quälen. Was lernen wir daraus: Füge nie einem Tier ein Leid zu – es könnte eine wunderschöne, reiche Frau sein.

DER SPATZ, EIN SPRÜCHEKLOPFER

Es ist schon erstaunlich: Menschen machen in der Natur Beobachtungen und ziehen häufig aus dem Gesehenen falsche Schlüsse. Nehmen wir etwa den Satz »Du isst wie ein Spatz!« – also wenig. Dieser Ausspruch – an der Wirklichkeit gemessen – wäre eine dreiste Beleidigung, denn ein etwa 30 Gramm schwerer Sperling muss knapp neun Gramm am Tag fressen. Umgerechnet auf einen 60 Kilogramm schweren Menschen müsste er täglich etwa 18 Kilogramm Lebensmittel verdrücken. Grundsätzlich gilt: Je kleiner der Vogel, desto mehr Energie verbraucht er relativ zu seinem Körpergewicht. Der Spatz ist also ein kleiner Fresssack. Auch der Begriff »Dreckspatz« hinkt. Das Gegenteil ist der Fall: Spatzen sind sehr saubere Tiere, die Staubbäder gegen Parasiten nehmen und mit Leidenschaft baden. Die Beleidigung »Spatzenhirn« ist ebenso unsinnig. Wissenschaftliche Untersuchungen haben ergeben, dass das Minigehirn des Sperlings zu enormen Leistungen fähig ist und gut entwickelte Strukturen besitzt. Spatzen sind lernfähig, kommunikativ und können durchaus kognitive Schlüsse ziehen. So hat man Spatzen beobachtet, die vor der automatischen Tür eines Einkaufszentrums flatterten, um sie zu öffnen und sich den Weg zu Leckereien zu ermöglichen.

SPATZEN-SPRICHWÖRTER

»Besser ein Spatz in der Hand, als eine Taube auf dem Dach.«
Bloß nicht zu hoch hinaus planen. Erst mit wenigem zufrieden sein, bevor man sich auf fette Beute konzentriert. Der Spatz steht für bescheidene Ansprüche.

»Die Spatzen pfeifen es von den Dächern.«
Es ist längst kein Geheimnis mehr – alle wissen es schon. Selbst die Spatzen.

»Mit Kanonen auf Spatzen schießen.«
Übertreibung und eine daraus folgende Fehl- oder Überreaktion soll mit diesem Ausspruch eingebremst werden.

»Schimpfen wie ein Rohrspatz.«
Wer das tut, ist weit von vernünftigen Argumenten entfernt und schimpft laut und rüpelhaft. (Gemeint ist die

in Schilfzonen lebende Rohrammer, die auch Rohrspatz heißt und deren krächzender Gesang früher als »schimpfen« interpretiert wurde.)

»Weiß denn der Sperling, wie's dem Storch zumute sei?« (Johann Wolfgang von Goethe, 1749–1832) Tiefsinnig nähert sich unser Vorzeigedichter dem Spatzen und jammert auf hohem Niveau. Er beklagt, dass kleine Leute wie die Spatzen ja keine Ahnung haben, dass auch die Großen von Sorgen geplagt sind.

»Gutes tun, fröhlich sein und die Spatzen pfeifen lassen.« (Don Bosco, 1815–1888) Der italienische Ordensgründer kommt etwas leichter daher. Sein Sinnspruch sagt: Lass die Leute reden, gehe deinen Weg und tue Gutes. Schließlich interessiert es auch den Spatzen nicht, was andere denken. Er pfeift fröhlich vom Dach.

DER VOGEL IST WEG – WO IST FEDERLE GEBLIEBEN?

Dass dieser Tag irgendwann kommen musste, war mir schon klar, als unser Spatz auftauchte und sich auch nach einer Woche nicht mehr davonmachte. Der Tag, den ich gleichermaßen herbeisehnte wie fürchtete. Einerseits hoffte ich, Federle könnte Anschluss bei Artgenossen gefunden haben – schließlich sind Spatzen Wildtiere und sollen nicht auf uns Menschen geprägt sein, sondern einfach ihr Spatzenleben leben. Andererseits sah ich in Federle etwas Besonderes und fürchtete, ihr könnte etwas zugestoßen sein. Und dann, nach genau 199 Tagen, war es so weit.

Wie es uns das Spatzenmädchen in den Wochen und Monaten antrainiert hatte, schauten wir wie jeden Morgen nach dem Vogel. Doch es gab keine Flugattacke, keine Begrüßung, nichts! Auch unsere Lockpfiffe blieben ungehört. Noch am Tag zuvor – wir hatten Gäste – flatterte Federle trotz der den ganzen Tag über eingeforderten Futtergaben an der Balkontüre auf und ab. »Der Spatz will rein; dem ist es zu kalt da draußen«, vermuteten die Gäste. Doch ich blieb hart und erklärte wie Hunderte Male zuvor, dass Wildtiere nun mal Wildtiere seien und das Vögelchen auch schon genug zum Fressen bekommen hätte. Außerdem hätte es sich jederzeit auch am ganzjährig gefüllten Futterhäuschen bedienen können. Um die Gäste zu beruhigen, ging ich auf den Balkon und streckte die Hand mit etwas spatzentauglichem Futter Federle entgegen. Der kleine Vogel drehte ab, um dann gleich wieder auf meiner Schulter zu landen – demzufolge hatte er keinen Hunger. Für die Gäste zwar amüsant, ging mir das Spatzengehabe doch allmählich auf den Wecker. Hätte ich in diesem Moment geahnt, dass Federle am anderen Tag nicht mehr auftauchen würde … Bei diesem Gedanken könnte ich noch immer sentimental werden.

Nachdem sich das Vögelchen auch den ganzen Tag über und am Abend nicht sehen ließ, suchten wir die Umgebung ab, pfiffen nach ihm – ohne Erfolg. Wir fragten unsere Nachbarin, vor deren Küchenfenster Federle ein paar Tage zuvor – untreu geworden? – ebenfalls am Küchenfenster auf und ab geflattert war. Nachbarn und Freunde erkundigten sich wie so oft in den Wochen zuvor: »Was macht euer Spatz? Wo ist euer Spatz?« Sie machten sich ebenfalls Gedanken, was mit dem kleinen Vogel wohl passiert sein könnte. Nun, wir wissen es nicht. Federle blieb weg. Dafür kommen vielerlei Schicksale infrage. Denn Spatzen sind vielen Gefahren ausgesetzt und bringen nicht umsonst zur Erhaltung ihrer Art viele Nachkommen hervor.

Lassen wir also unserer Fantasie freien Lauf: Wie mag die Spatzengeschichte wohl weitergegangen sein? Viele Schicksale sind denkbar:

Federle ist an einer Fensterscheibe verunglückt.

Immer wieder kommt es an großen Fensterflächen, in denen sich Bäume und Sträucher oder auch nur der blaue Himmel spiegeln, zu Todesfällen von Vögeln. Was sich als »Vogelschlag« so technisch anhört, ist ein wahres Drama, weil alljährlich vor allem an den oft noch verspiegelten Fassaden der Bürohochhäuser in den Städten Abertausende von Vögeln ihr Leben verlieren. Aber auch in den Speckgürteln der Städte oder auf dem Land krachen Vögel – dem Spiegelbild aufgeflogen – gegen Fenster- und Glastürscheiben. Manchmal geht das glimpflich aus und die Piepmätze haben »nur« eine Gehirnerschütterung und fliegen nach ein paar Minuten munter weiter. Aber nur manchmal.

Also war unser erster Gedanke, dass Federle unter einem Fenster am Boden liegen könnte. Natürlich suchten wir sofort die Umgebung ab und fragten auch in der Nachbarschaft, ob ein Vogel gegen die Scheibe geflogen wäre oder gar tot aufgefunden wurde. Doch Fehlanzeige. Tatsächlich werden viele an Glasscheiben verunglückte Vögel nicht aufgefunden, weil sie für Krähen, Marder und Füchse – die ja auch in den Siedlungen leben – willkommene Beute sind. Beute, die sie erst gar nicht jagen müssen.

Federle wurde von einem Auto erfasst.

Niemand kennt die Zahl von Kleinvögeln, die von Lastwagen oder anderen Fahrzeugen erfasst werden und so zu Tode kommen. Das kann sehr schnell geschehen, wenn Vögel etwa vor Katzen, Greif- oder Rabenvögeln fliehen – aufgeschreckt oder verfolgt prallen sie dann in Panik oder in einem unbedachten Moment auf Autos. Auch innerorts sind viele Autos so schnell unterwegs, dass viele Vögel ihr Leben verlieren. Solche Exemplare werden ebenfalls von potenziellen Fressfeinden aufgesammelt und wegtransportiert.

Leider sind in unserer Straße ebenfalls viele Menschen mit dem Auto unterwegs. Zudem kommen täglich bis zu 15 große Trucks, die eine Firma in der Nähe beliefern oder von dort Waren abholen. Ist Federle auf ein Auto geprallt? Oder direkt unter die Räder gekommen?

Federle wurde erbeutet.

Mein Naturschützerherz sagt, das ist der Lauf der Natur; dort gibt es eben eigene Gesetze und Jäger und Gejagte. Der Spatz selbst ist ja auch ein Jäger: So transportiert er etwa Raupen – auch von selten gewordenen Schmetterlingsarten – in das Nest, um die Schnäbel der stets hungrigen Jungen zu stopfen. Andererseits sind Spatzen potenzielle Beute von Sperber, Turmfalke, Steinkauz und anderen Jägern.

Immer wieder gleiten auch durch unseren Garten Sperber und Falken – haben wir gar einen Sommer lang Greifvogelbeute gefüttert? Bei diesem Gedanken pocht mein Beschützerherz aber doch ganz heftig. Oder hat eine der viel zu vielen Katzen aus dem Um-

feld Federle geschnappt? Wir versuchen die Katzen der Vögel wegen zu vertreiben, aber deren Respekt hält leider nicht lange.

Ist Federle dorthin zurückgekehrt, wo sie herkam?

Als das Spatzenmädchen nicht mehr auftauchte, war dies einer unserer ersten Gedanken – und zugleich unsere Hoffnung. Die ersten Tage trauten wir uns erst gar nicht bei seiner Pflegemutter Julie anzurufen. Eine negative Nachricht würde unsere Hoffnung zerstören. Doch dann siegten Neugier und gesunder Naturschützerverstand. »Nein, bei uns ist sie leider auch nicht«, sagte Julie mit bedauernder Stimme. Sie hatte damals Federle – bei ihr hieß das Vögelchen ja Friederike und Weasley – als fast verhungertes Findelkind aufgepäppelt und gepflegt. Und besorgt, wie eine richtige Vogelmutter nur sein kann, meinte sie, ohne eine Antwort zu erwarten: »Wo das Vögelchen wohl sein mag?«

Federle lebt bei einer anderen Familie.

Es könnte ja auch sein, dass sich Federle eine andere Familie, ein anderes Haus, einen anderen Garten gesucht und als neues Revier auserkoren hat. Vielleicht ist sie nicht in unserer Umgebung, sondern in einem anderen Wohnviertel oder in der Nachbargemeinde gelandet. Ja, das könnte doch sein – auch wenn mir mein Naturschützerverstand etwas anderes sagen will …

Federle fühlte sich nicht mehr sicher.

Im Lauf der Wochen und Monate unseres Spatzensommers hatte sich Federle erst einen Feldahorn und dann einen Weißdornstrauch als geschütztes Revier auserkoren. Doch auch ein langer Spatzensommer geht einmal vorbei, und irgendwann fielen die Blätter und das Gesträuch wurde immer kahler. Trotz eines dichten Geästs und so mancher Dornen konnte Federle in diesem Gebüsch kein sicheres Versteck mehr finden. Grund genug, um die Flatter zu machen?

Federle hat bei Artgenossen Anschluss gefunden.

Vielleicht hat Federle sich ja tatsächlich einfach einer Gruppe von Spatzen angeschlossen und führt jetzt ein normales, wildes Spatzenleben. Das ist die Version, für die wir uns entschieden haben, weil wir den kleinen Vogel lieb gewonnen haben und nicht so recht glauben wollen, dass ihm etwas zugestoßen sein könnte.

SPATZEN – KOSMOPOLITEN PAR EXCELLENCE

Spatzen haben uns also von jeher überall hinbegleitet; sind mit Flüchtlingen und Glücksuchern auf Auswandererschiffen in Amerika eingewandert, um in New York, Kanada und Alaska zu siedeln. Sie wurden 1855 sogar bewusst auf einem Schiff mitgenommen, das Rinder von Europa nach Amerika importiert hat. Die Spatzen sollten mit ihrer Anwesenheit das Heimweh der Siedler in der »neuen Welt« lindern. Man startete damals sogar den Versuch, alle Vögel, die Shakespeare in seinen Stücken beschrieben hatte, in den USA anzusiedeln; in der Fremde hat der Spatz sich am besten zurechtgefunden.

Spatzen reisten auch als blinde Passagiere bis nach Australien und Neuseeland, schafften es in die Karibik und auf die Malediven. Tollkühne Exemplare wurden sogar in den Bergwelten des Himalajas gesichtet; in Tibet und Nepal trotzen sie auf 5000 Meter Höhe Eis und Kälte. Spatzen sind nie weit weg und trotzdem weltweit zu Hause. Dass ausgerechnet diese coolen Typen an so vielen Orten auf einmal Seltenheitswert haben, ist eine Tragödie.

Spatzen sind zwar standorttreu; trotzdem ist der Kurzstreckenflieger überall auf der Welt herumgekommen. Mir sind Spatzen ständig auf meinen Reisen begegnet. Ich habe sie selbst an gottverlassenen Orten angetroffen, wie auf der Karibikinsel Montserrat. Dort hat vor über 30 Jahren der Vulkanausbruch des Soufrière die Insel in Schutt und Asche gelegt. Eine heiße Lawine aus Gestein und Staub – ein sogenannter pyroklastischer Strom – ergoss sich 1997 über Montserrat, hat die Hauptstadt Plymouth ausradiert und einen großen Teil der knapp 10 000 Einwohner zur Flucht gezwungen. Die Insel ist nur noch zu einem Drittel bewohnbar; der Rest wurde zur Todeszone erklärt und ist für jedermann gesperrt. Doch mit den wenigen Menschen, die auf Montserrat leben, sind auch die Spatzen geblieben.

Dass Spatzen für Menschen in Not ein Trost sein können, habe ich in Angola erlebt. Dieses westafrikanische Land ist übersät mit über 40 Millionen hochexplosiven Landminen. Die perfiden Explosionskörper sind das Erbe eines erbitterten Bürgerkrieges, der sich nach der Unabhängigkeit des Landes von den Portugiesen über Jahrzehnte hingezogen hat. Sie liegen überall verstreut: auf den Feldern, hinter den Häusern, am Wegesrand – und sie verstümmeln Menschen, die wie Pedro zum Minenopfer geworden sind. Er war gerade zwölf Jahre alt und hat auf einem Feld nach Maniok gegraben, als die Mine explodierte. Bei der Explosion verlor der Junge sein linkes Bein. Nonnen des Ordens der Schwestern vom göttlichen Erlöser nahmen ihn bei sich auf und sorgten dafür, dass er eine billige Holzprothese bekam. Hunderttausende warten auf Prothesen, denn es gibt zu wenig Gelenke, nicht genug Klebstoff und es fehlt sogar an Holz, um einfach zusammengeschnitzte Prothesen zu fertigen. Pedro hatte Glück. Von einem Journalisten-Tross wurde damals Lady Di bei ihrem Kampf gegen Landminen in Angola begleitet. Hilfsorganisationen sprachen vom »Land der verstümmelten Kinder«. Überall krochen diese Kinder auf ihren Stümpfen durch die Straßen, hockten apathisch in Hauseingängen und – ja, Sie lesen richtig – spielten mit Spatzen. Bei all dem Elend hat sich dieses Bild tief in meine Erinnerungen gegraben. Das Spiel der Kinder mit den Spatzen war ein Moment des Friedens in diesem vom Krieg zerfressenen Land.

Traurige Spatzenerinnerungen haben immer auch etwas Tröstliches. Bei einer Dienstreise für eine Reportage über die Straßenkinder in Manila habe ich die Slums am Fuß der Smokey Mountains, der rauchenden Berge, besucht. So nennen die Einwohner des 23-Millionen-Molochs ihre ständig brennenden, gigantischen Müllberge. Dort traf ich auf die Waisenkinder Michelle und Ronald. Beide waren noch keine zehn Jahre alt, als die Eltern bei einem Bandenkrieg erschossen wurden. Am Rand der Smokey Mountains wühlten sie mit anderen Kindern im Abfall und suchten nach Essensresten; gemeinsam mit den dort lebenden Spatzen! Was mich besonders berührt hat: Die Kinder haben das wenige Essbare, das sie fanden, mit den Vögeln geteilt.

Und in Indien habe ich auf einem Markt am Rande eines buddhistischen Klosters von einem Vogelhändler alle Spatzen aus einem viel zu engen Käfig freigekauft. Dieses Ritual ist für die Besucher des Klosters ein wichtiger Moment, denn es gehört zu ihrem Glauben, als Zeichen der Dankbarkeit Vögeln die Freiheit zu schenken. Es könnte ja sein, dass diese armen Geschöpfe im leidhaften Kreislauf der Wiedergeburt einmal die Seele ihrer Mutter waren. Nun, ich glaube nicht an das Rad des Werdens und an Karma, sondern habe aus tief empfundenem Mitleid mit den zerrupften Kreaturen gehandelt. Als die halb verhungerten Vögel endlich dem engen Käfig entkamen, konnte sie kaum noch fliegen. Später erfuhr ich, dass die Vogelhändler sie mit Leichtigkeit wieder einfangen können und erneut verkaufen. So hat das buddhistische Rad des Werdens einen Wiederholungsmodus der Quälerei.

Spatzen können Menschen trösten, aber auch zum Weinen bringen – so geschehen im australischen Sydney. Ich war mit meiner Schwester Eis essen. Sie ist schon vor vielen Jahren nach Australien ausgewandert und wirklich glücklich am anderen Ende der Welt. Doch manchmal schlägt das Gefühl des Heimwehs überraschend zu. So wie an diesem sonnigen Tag in Manly, einem Stadtteil direkt am Strand der quirligen Metropole. Während ich vom Eiscafé aus die Surfer bei ihrem Spiel mit den Wellen beobachtete, fütterte meine Schwester die Spatzen mit Waffelstückchen. Auf einmal liefen die Tränen. »Weißt du noch, als wir zusammen in Berlin Eis essen waren …?« Da musste auch ich weinen. Mit Spatzen kommen Erinnerungen zurück.

Wie kommen nun die Spatzen in das weit entfernte Australien? Haussperlinge sind weiß Gott keine Langstreckenflieger. Sie fliegen zwar mit 60 km/h relativ schnell und geradlinig, aber immer ziemlich niedrig und entfernen sich nie weit vom Nistplatz. Sie haben die Menschen eher heimlich zusammen mit den Vorräten zu neuen Zielen begleitet.

Und der Mensch? Er hat sich das Leben der Spatzen auch zunutze gemacht. Er hat sie gefangen und in düsteren Kohlebergwerken Englands zum eigenen Nutzen eingesetzt. Die Vögel, in Käfige gesperrt, begleiteten die Coal Miner untertage, um sie vor Explosionen durch das Grubengas zu warnen – sozusagen als lebende Messgeräte. Fiel ein Spatz im Käfig tot um, war es höchste Zeit für die Bergleute den Stollen zu verlassen. Spatzen starben für die Sicherheit der Menschen. Ihr Lohn: ein paar Krumen Brot.

SPATZEN UND IHRE WILDE VERWANDTSCHAFT

Wer denkt beim Anblick von ein paar lärmenden, nervigen, aber auch bezaubernden Spatzen schon daran, dass sie eine unglaublich große Verwandtschaft haben? Von den rund 13 000 Vogelarten auf der Welt zählen Wissenschaftler 5700 Arten zu den Sperlingsvögeln. Wissenschaftlich heißen diese *Passeriformes*. Dies geht auf den lateinischen Begriff »passer« wie »Sperling« zurück. Die »Großfamilie« ist überaus variantenreich und auf verschiedenen Erdteilen zu Hause. Allen Arten gemeinsam ist, dass die Jungen mit geschlossenen Augen aus dem Ei schlüpfen und Nesthocker sind. Um von den Altvögeln Nahrung zu bekommen, sperren alle Sperlingsvögel weit den Schnabel auf. Von den vier Zehen des Vogelfußes ist eine nach hinten gerichtet. Zur weitläufigen Verwandtschaft unserer Spatzen gehören u. a. die Kolonien bildenden Webervögel Afrikas. Beim Anblick der verschiedenen Vogelgestalten und deren Anpassung an die unterschiedlichen ökologischen Nischen, welche die Erde zu bieten hat, würde man nicht im Geringsten an unsere »gewöhnlichen« Spatzen denken. Betrachtet man die engere Familie, so gibt es von den Spatzen nach den Einteilungen der Zoologen weltweit 43 Arten. Die europäischen Vertreter stellen wir hier im Kurzporträt vor.

HAUSSPERLING, SPATZ

- **Wissenschaftlicher Name:** *Passer domesticus*
- **Aussehen/Kennzeichen:** Männchen mit gräulicher Kopfplatte, ansonsten auf der oberen Seite bräunlich mit dunklen Längsstreifen; rotbrauner Nacken, schwarze Kehle und Brust, Wangen und Unterseite hellgrau. Weibchen ohne Kopfplatte, oberseits gräulich-bräunlich mit dunklen Streifen, Bauchseite graubraun; mitunter weißliches »Lätzchen«. Körperlänge 15–16 cm, Gewicht ca. 30 g, etwas größer als Feldsperling.

- **Verbreitung/Vorkommen:** Ursprünglich verbreitet in Europa und im größten Teil Asiens bis China im Osten und Taiwan im Süden sowie im Nahen Osten. Eingebürgert in Nord–, Mittel- und Südamerika, dem südlichen Afrika sowie im Osten Australiens. Bevorzugt Nähe zu menschlichen Siedlungen; im Süden Europas auch offenes Gelände mit Feldern und Heckenstrukturen.
- **Nahrung:** Allesfresser, der jedoch zur Jungenaufzucht Insekten und deren Larven benötigt. Ansonsten Samen und allerlei Wildgräser sowie Wildkräuter, Knospen, aber insbesondere Getreide, Abfälle, Insekten und deren Larven.
- **Fortpflanzung:** Brütet in Höhlen, Nischen und auch in Mauerlöchern, Baumhöhlen, Nistkästen, unter Ziegeln, im freien Gebüsch, Schlupflöchern in Straßenlaternen; in Südeuropa auch Freibrüter unter anderem in den Kronen von Palmen und kolonieartig in Büschen, Storchennestern und großen Horsten verschiedener Greifvögel. 3–6 Eier, Brutdauer 11–14 Tage, nach 13–16 Tagen verlassen die Jungen das Nest. Bis zu 4 Bruten im Jahr.

FELDSPERLING, FELDSPATZ

- **Wissenschaftlicher Name:** *Passer montanus*
- **Aussehen/Kennzeichen:** Mit 14 cm Größe kleiner als Haussperling. Gewicht ca. 23 g. Männchen wie Weibchen mit rotbräunlicher Kopfplatte, weißlichen Wan-

gen und schwarzer Kehle sowie einem schwärzlichen Fleck in der Ohrgegend. Ansonsten oberseits bräunlich gefärbt mit dunklen Längsstreifen. Unterseite gräulich-bräunlich, weißliches »Halsband«.

- **Verbreitung/Vorkommen:** Europa und Asien mit Ausnahme von Island, Irland sowie dem nördlichen Skandinavien, dem südlichen Griechenland, Kleinasien sowie der Nahe Osten und Indien. Eingebürgert auf den Philippinen und in Australien, auf den Kanarischen Inseln sowie in Nordamerika, wo die Bestände jedoch nicht mit denen des Haussperlings vergleichbar sind. Bewohnt bevorzugt Offenland mit Feldgehölzen, Hecken und Obstwiesen, aber auch größere Parks und Gärten.
- **Nahrung:** Ähnlich wie Haussperling, jedoch mehr Samen von Wildkräutern und Wildgräsern, sowie Beeren und Knospen.
- **Fortpflanzung:** Überwiegend Höhlenbrüter. Dabei recht variabel. Neststandorte sind Baumhöhlen, Erdröhren, Nistkästen, Mauerlöcher, aber auch – vor allem im Süden – in Kolonien von Haus- und Weidensperlingen. Das Gelege besteht aus 3–7 Eiern; die Brutdauer beträgt 11–13 Tage. Nach 13–17 Tagen verlassen die Jungen das Nest. Meist 2, manchmal 3 Bruten im Jahr.

STEINSPERLING

- **Wissenschaftlicher Name:** *Petronia petronia*
- **Aussehen/Kennzeichen:** Größe ca. 14 cm, Gewicht um 35 g. Männchen wie Weibchen ähneln den Weibchen des Haussperlings, sie besitzen jedoch im Gegensatz zu diesen auf der oberen Kopfseite einen graubraunen Streifen und einen auffallenden weißlichen Überaugenstreif sowie weißliche Flecken am Schwanzende. Gelblicher, manchmal durch das angrenzende Gefieder verdeckter Kehlfleck.
- **Verbreitung/Vorkommen:** Überwiegend Südwest- und Südeuropa, Nordafrika sowie in Kleinasien und in Zentral- und Ostasien südlich des 50. Breitengrades. Außerdem auf den Kanarischen Inseln sowie auf Madeira. Gilt im nördlichen Mitteleuropa als ausgestorben.
- **Nahrung:** Ähnlich wie Haussperling und Feldsperling.
- **Fortpflanzung:** Baumhöhlen, Felsspalten, Mauerlöcher und auch Erdröhren sind bevorzugte Niststandorte. Das Gelege besteht aus 3–6 Eiern und wird rund 14 Tage lang bebrütet. Nach 3 Wochen verlassen die Jungen das Nest.

SCHNEESPERLING

(früher auch Schneefink)

- **Wissenschaftlicher Name:** *Montifringilla nivalis*
- **Aussehen/Kennzeichen:** Größe ca. 16–18 cm, Gewicht rund 40 g. Männchen wie Weibchen mit grauem Kopf und grau-brauner Oberseite sowie weißlichen äußeren Steuerfedern und weißen Flecken in den Flügeln. »Schmutzig weißliche« Unterseite mit schwärzlichem Kehlfleck.
- **Verbreitung/Vorkommen:** Alpine Gebirge Europas, Vorder- und Zentralasiens. Bewohnt offene Bereiche etwa der Pyrenäen, der europäischen Alpen sowie der Abruzzen und des Balkans bis zum Kaukasus in einer Höhe ab ca. 1900 m und kommt in Höhenlagen bis zu rund 3000 m NN vor.
- **Nahrung:** Wildkräutersamen, allerlei Insekten und deren Larven sowie Spinnen, aber auch Abfälle, etwa in der Nähe von Alm-, Berg- und Wanderhütten als auch von hoch gelegenen Streusiedlungen.
- **Fortpflanzung:** Felslöcher und -spalten sowie Mauerspalten dienen als Neststandort. Nest aus Halmen und Würzelchen, ausgepolstert mit Tierhaaren. Das Gelege besteht aus 4–5 reinweißen Eiern. Die Brutdauer beträgt 13–14 Tage; Nestlingszeit ca. 3 Wochen. 1–2 Bruten im Jahr.

WEIDENSPERLING

- **Wissenschaftlicher Name:** *Passer hispaniolensis*
- **Aussehen/Kennzeichen:** Größe ca. 15 cm, Gewicht rund 28 g. Im Gegensatz zum Haussperling besitzt der männliche Weidensperling eine (dem Feldsperling ähnliche) braune Kappe. Mehr Schwarzfärbung auf der Brust. Die Flanken sind schwarz gestrichelt, der Rücken gestreift. Die Weibchen weisen ebenfalls diese Streifen auf, sind jedoch kaum von denen des Haussperlings unterscheidbar. Sie haben jedoch einen kräftigeren Schnabel.
- **Verbreitung/Vorkommen:** Südeuropa, Kleinasien bis nach Afghanistan. Schwerpunkte der Brutvorkommen liegen in Spanien, auf Mittelmeerinseln sowie den Kanaren als auch auf dem Balkan. Bewohnt werden vor allem im Sommer trockene Offenlandschaften mit Steppencharakter, Gebüsche an Gewässerufern sowie Wiesengelände mit Sträuchern. Im Gegensatz zu den meisten Spatzenarten sind etliche Populationen des Weidensperlings Zugvögel, welche je nach Verbreitungsgebiet nach Nordafrika, in den Nahen Osten und die nördliche Arabische Halbinsel sowie den Nordwesten des indischen Subkontinents ziehen. In Überwinterungsgebieten bewohnen sie Oasenareale, Wadis und zum Teil auch hügeligere Regionen, sofern Wasser zur Verfügung steht.
- **Nahrung:** Sämereien von Wildgräsern sowie angebautem Getreide, allerlei Früchte, kleine Blättchen sowie Insekten und deren Larven, Spinnen und Weichtiere wie Würmer.

- **Fortpflanzung:** Wie die verwandten Haussperlinge und Italiensperlinge Koloniebrüter. Neststandorte können sich in niedrigem Gebüsch, Röhricht, in Palmenkronen, Fels- und Baumhöhlen, aber auch in Löchern und Spalten von Häusern, Trockenmauern und Ruinen, in alten und oftmals dafür am Eingang erweiterten Schwalbennestern und Heckensträuchern befinden. Auch in Nestern von Störchen und großen Greifvögeln. Das Nest besteht wie bei den anderen Spatzen aus einer Mischung von Grashalmen, Stroh, Zweigen, Blättern sowie anderem, feinem Pflanzenmaterial. Zur Auspolsterung werden Haare und Federn sowie seit etlichen Jahrzehnten auch achtlos weggeworfene Plastikschnüre und andere Abfälle verwendet. 4–6 Eier umfasst das Gelege, welches rund 11 Tage bebrütet wird. Nach rund 15 Tagen sind die Jungvögel flügge.

ITALIENSPERLING

- **Wissenschaftlicher Name:** *Passer italiae*
- **Aussehen/Kennzeichen:** Größe ca. 14–15 cm, Gewicht 22–30 g. Ähnelt dem Haus- und dem Weidensperling. Jedoch weist der männliche Italiensperling nach der Beschreibung der Schweizer Vogelwarte einen braunen Scheitel, ausgedehnte schwarze Kehle und Brustfärbung sowie helle Wangen und einen angedeuteten weißlichen Augenstreif auf. Es fehlen aber die schwarzen Flecken an den Flanken und das Schwarz an Kehle und Vorderbrust ist weniger ausgedehnt. Die Weibchen

ähneln ziemlich genau denen des Haussperlings. Einige Wissenschaftler vermuten, dass der Italiensperling als Folge einer Kreuzung zwischen dem Haus- und dem Weidensperling entstanden ist.

- **Verbreitung/Vorkommen:** Teile der Südschweiz, südliche Täler Tirols und Kärnten sowie die Apenninhalbinsel, auf welcher der Italiensperling die häufigste Vogelart darstellt. Ähnlich dem Haussperling bewohnt diese Art Dörfer, Städte und landwirtschaftliche Anwesen.
- **Nahrung:** Überwiegend Sämereien sowie Insekten, Larven, Weichtiere. Der tierische Anteil der Nahrung ist wesentlich geringer als der beim Haussperling.
- **Fortpflanzung:** Niststandorte ähneln denen des Haussperlings; aber öfter als bei diesem gibt es sogenannte Freinester, etwa in Storchennestern, großen Greifvogel- oder alten Mehlschwalbennestern. Gelege und Brutdauer ähnlich wie beim Haussperling.

DER KLEINE SPATZ UND DIE GROSSE SPATZENFAMILIE

Stamm: Wirbeltiere (*Chordata*)

Klasse: Vögel (*Aves*)

Ordnung: Sperlingsvögel (*Passeres*)

Familie: Sperlingsverwandte (*Passeridae*)

Unterfamilie: *Passerinae*

Gattung: Sperling (*Passer*)

Art: Haussperling (*Passer domesticus*)

Art: Feldsperling (*Passer montanus*)

Italiensperling
Haussperling
Schneesperling

Feldsperling
Weidensperling
Steinsperling

WIE ES ZU DIESEM BUCH KAM

Geht es Ihnen nicht auch so? Es gibt Themen, die uns das ganze Leben begleiten. Themen, die uns brennend interessieren, denen wir nachgehen wollen, die wir dann und wann viel zu oberflächlich aufgreifen, um sie zwischenzeitlich wieder zu vergessen, weil anderes in den Vordergrund gerückt ist. Themen, die ganz unerwartet aus der Versenkung des Alltags wieder auftauchen, Rätsel aufgeben, uns vielleicht auch ärgern, zum Nachdenken bringen, ja uns ganz einfach beschäftigen. Und dann gibt es Momente und Geschehnisse, bei denen wir plötzlich feststellen, dass es anderen auch so geht, dass es einen oder mehrere Menschen gibt, die vom selben Thema in den Bann gezogen werden. Damit meinen wir nicht die seltenen Höhen und die vielen Tiefen der Politik, der Wirtschaft oder das Auf und Ab am Arbeitsplatz oder im Freundeskreis. Wir meinen vielmehr Dinge des Lebens oft ganz einfacher Art. Begegnungen etwa mit besonderen Menschen oder Sinneswahrnehmungen, die bestimmte Erinnerungen wachrufen. Beim Geruch von offenem Feuer etwa werden von einer Sekunde auf die andere bei Eva Goris Reporteraufenthalte in Afrika wachgerufen. In jedem Dorf, jeder Siedlung war Feuerholz die einzige

Möglichkeit für die Bevölkerung zu kochen. »Holzfeuer, das ist für mich der Geruch von Afrika«, erzählt Eva. Egal ob sie an einem offenen Kamin oder beim Grillabend auf einer Terrasse bei Freunden sitzt, kommt ihr beim Rauchgeruch Afrika in den Sinn. Auch C.-P. – wie Claus-Peter Hutter seit früher Jugend von Freunden genannt wird – hat eine spezielle »Holzfeuernase«. Bei ihm verbindet sich der Geruch von Holz- oder Holzkohlefeuer mit einem Aufenthalt in Nordspanien. Es waren klirrend kalte Februarnächte in einem abgelegenen Dorf unweit der Laguna de Gallocanta im Hochland von Aragon. Der auf fast 1000 Meter über Meereshöhe gelegene See gehört zu den bedeutendsten Kranichrastplätzen Europas. Nebel bedeckte die Landschaft, die tief hängenden Wolken gaben der Sonne keine Chance. Kraniche waren nur zu hören. Der Rauch der kärglichen Holzfeuer in der noch kärglicheren Gegend lag wie ein schwerer Geruchsteppich über der Landschaft. Riecht C.-P. Holzfeuer, hört er noch immer in Gedanken die markanten Rufe der Kraniche. Und hört er Kraniche rufen, hat er Holzfeuergeruch in der Nase.

Wer über lange Zeit zusammenarbeitet, unterschiedliche Themen anpackt, aufarbeitet und gemeinsam Bücher schreibt wie wir, tauscht sich aus und entdeckt so manche Gemeinsamkeit oder auch unterschiedliche Auffassungen. Dennoch hat es trotz der intensiven Zusammenarbeit lange, ja sehr lange gedauert, bis wir feststellten, dass Holzfeuergeruch bei uns bestimmte

Erinnerungen auslöst. Oder dass uns beide – ganz unabhängig voneinander – seit frühester Jugend Spatzen begeistern. Immer wieder kam das Thema Spatz auf und wir sagten zueinander: »Unbedingt müssen wir mal ein Spatzenbuch zusammen machen.« So ging das über Jahre und es entstanden eine ganze Zahl von Büchern zu anderen Natur–, Umwelt- und Verbraucherthemen. Jetzt endlich ist das Spatzenbuch fertig – es brauchte einen Auslöser, ein Schlüsselerlebnis, einen »Schlüsselspatz«: Ein kleiner Spatz gab uns ein Zeichen. Dieses Buch erzählt seine Geschichte und auch aus dem Leben vieler seiner Artgenossen. Es ist eine Liebeserklärung an eine verkannte und unterschätzte Vogelart und Vogelfamilie. Es ist außerdem eine Liebeserklärung an die Natur und ein gleichermaßen flammender wie verzweifelter Appell, mit dieser uns anvertrauten Natur sorgsam umzugehen. Der dramatische Rückgang der einstigen Allerweltsvögel muss uns allen zu denken geben. Denn sind die Spatzen erst einmal weg – was sich die wenigsten angesichts der nervenden Horden in Straßencafés und Biergärten vorstellen können –, ist es um uns selbst nicht mehr gut bestellt.

Eva Goris · C.-P. Hutter

ETWAS TUN FÜR FEDERLE, ALLE ANDEREN SPATZEN UND VÖGEL IN GÄRTEN, PARKS, FELD, WALD UND FLUR?

Wenn die Abenteuer von und mit dem Spatzenmädchen Federle, wenn all die Geschichten rund um das abenteuerliche Leben der Spatzen in diesem Buch Anregungen gegeben haben, selbst etwas mehr der Natur auf die Spur zu kommen sowie Fauna und Flora zu helfen, so gibt es über die in den einzelnen Kapiteln genannten Beispiele hinaus vielerlei Möglichkeiten. Kontakte zu Organisationen und Initiativen, die sich für Natur- und Heimatbewahrung, praktischen Naturschutz, Landschaftsmanagement und Umweltschutz engagieren, sind über die jeweilige Stadt- und Gemeindeverwaltung, über die Naturschutz-Dienststellen bei den Land- und Stadtkreisen sowie im Internet erhältlich.

DIE AUTOREN

© Karin Costanzo

EVA GORIS

Nach dem Biologiestudium war sie zehn Jahre Redakteurin bei der Westdeutschen Allgemeinen Zeitung (WAZ), dann arbeitete sie als Pressesprecherin der Umweltschutzorganisation Greenpeace. Ab 1990 war sie Ressortleiterin Umwelt/Wissenschaft bei Bild am Sonntag (BamS), von 2008 bis 2022 Pressesprecherin der Deutschen Wildtierstiftung. Jetzt ist sie als freie Autorin tätig.

Eva Goris lebt in Hamburg und reist gerne. Dabei beobachtet sie nicht nur Spatzen, sondern ergründet in den verschiedensten Ländern immer wieder aufs Neue das facettenreiche Zusammenspiel von Natur und Kultur. Für ihr journalistisches Engagement wurde sie mit diversen Preisen ausgezeichnet.

© Oliver Bürkle

CLAUS-PETER HUTTER

Der Präsident der Stiftung NatureLife-International ist Autor, Mitautor und Herausgeber zahlreicher Bücher und Publikationen rund um das Thema Natur sowie zu Umwelt- und Verbraucherthemen. Unter seiner Federführung entstanden weit beachtete und prämierte Projekte zur Naturbewahrung und Umweltvorsorge sowie wegweisende Umweltkampagnen. Der langjährige Leiter der Umweltakademie Baden-Württemberg, Ehrensenator der Universität Hohenheim und Lehrbeauftragter der Universität Stuttgart setzt sich national und international für einen unverkrampften Umweltdialog ein. Ein Schwerpunkt seiner Arbeit ist die Verknüpfung von Klimaschutz und Armutsbekämpfung. Für sein Engagement wurde er unter anderem mit dem Bundesverdienstkreuz ausgezeichnet.

DER ILLUSTRATOR

BERND PÖPPELMANN Der Tier- und Landschaftsmaler studiert seine Motive in freier Wildbahn, in der näheren Umgebung oder in weiter entfernten Gegenden bis hin zu entlegenen Wüsten und Savannen. Ausgangspunkt ist sein eigenes Erleben, das er durch sein Wissen und seine Vorstellungskraft erweitert.

Natur scheint in seinen Bildern lebendig zu werden. An seinen Gemälden kann man »sein Verständnis und seinen Respekt für die Tiere sowie die Faszination für die wunderbare Komplexität und Diversität der natürlichen Welt erkennen«, wie es die weltberühmte Schimpansenforscherin Jane Goodall formuliert hat.

Die Gemälde Bernd Pöppelmanns befinden sich in privaten Sammlungen, Galerien, Museen und Königshäusern verschiedener Länder.

DANK

Allen, die zum Entstehen dieses Buches beigetragen haben, gilt unser herzlicher Dank. Besonders danken wir für den langjährigen Dialog Prof. Dr. Claus König (Ludwigsburg), Ehrenpräsident des NABU und langjähriger Direktor des Staatlichen Museums für Naturkunde in Stuttgart, Volker Angres, langjähriger Leiter der ZDF-Umweltredaktion (Mainz), Dr. Christof Schenck, Geschäftsführer der Zoologischen Gesellschaft Frankfurt am Main (Frankfurt), Dr. Lutz Spandau, freier Berater und langjähriger Vorstandsvorsitzender der Allianz Umweltstiftung (München), Jesus Garzón, Präsident Asociación Trashumancia y Naturaleza (Madrid), Prof. Dr. Friedhelm Göltenboth (Tübingen), Gunter Ehni (Heimsheim/Ulm), Prof. Dr. Werner Mühlbauer (Neuhausen/Bangkok), Prof. Dr. Paciencia P. Milan (Baybay, Leyte), M. Sc. Biol. Eva-Maria Riedel (Rastatt) sowie dem Team von NatureLife-International und engagierten Partnern im In- und Ausland. Den »Spatzenmüttern« Andrea Lange und Julie Wagner danken wir für ihre Erzählungen und ihre Spatzenfürsorge.

Für vielfältige Hilfe und Unterstützung gilt unser herzlicher Dank außerdem Miriam Moses und Martina Neher, unseren Familien sowie Anne-Kathrin Janetzky (Dresden) für das Lektorat sowie allen beim Heyne Verlag, die für die Entwicklung des Buches und den Vertrieb verantwortlich zeichnen. Ganz besonders danken wir dem Künstler Bernd Pöppelmann (Steinfurt) für seine bezaubernden und gleichermaßen kenntnisreichen Bilder, die Einblick in die wilde Welt der Spatzen geben.

NatureLife-International – Stiftung für Umwelt, Bildung und Nachhaltigkeit

»Der gebildete Mensch macht sich die Natur zu seinem Freund.« (Friedrich Schiller)

Unter diesem Motto setzt sich NatureLife-International mit konkreten Modellprojekten für die Verknüpfung von Armutsbekämpfung, Klimaschutz, Katastrophenprävention und die Bewahrung der Biodiversität ein und engagiert sich außerdem für breite Umweltbildung und nachhaltige Entwicklung. Weil Umwelt nur schützen kann, wer Natur kennt, engagiert sich NatureLife-International hier insbesondere für die Vermittlung von Artenkenntnissen und allgemeinem Naturwissen. Zahlreiche Projekte gelten dem ganz praktischen Schutz von Fauna und Flora vor der eigenen Haustür.

Ziel von NatureLife-International ist es, Partner aus den verschiedenen gesellschaftlichen Bereichen zusammenzubringen, um Lösungen drängender Umweltprobleme zu erarbeiten, den Wissenschaftsdialog zu fördern und im Rahmen konkreter Projekte umzusetzen. Zu den Dialogpartnern der Stiftung und ihrem internationalen Netzwerk gehören namhafte Universitäten und andere wissenschaftliche Einrichtungen ebenso wie anerkannte Naturschutzpraktiker, Umweltverbände, Kommunen und staatliche Verwaltungen sowie zahlreiche Bildungseinrichtungen und Wirtschaftsinstitutionen.

Aus dem Leitbild der Stiftung:

- Ob Umweltbildung, praktischer Naturschutz, Armutsbekämpfung oder Biodiversitätsschutz durch nachhaltige Entwicklung: Bei allen Initiativen und Projekten zählt das Erreichte für Mensch und Natur, zählen Ergebnisse und nicht Ideologien.
- Mehr denn je sind ein undogmatisch geführter Umweltdialog und pragmatisches Zusammenwirken der verschiedenen gesellschaftlichen Bereiche erforderlich.
- Naturbewahrung, Umweltvorsorge und nachhaltige Entwicklung sind nur mit Menschen und nicht gegen sie erfolgreich.
- Niemand ist heute mehr in der Lage, die mit dem Klimawandel und der Umweltbedrohung verbundenen gesellschaftlichen Herausforderungen alleine zu lösen. Deshalb ist mehr denn je Kooperation erforderlich. Die Globalisierung hat deutlich gemacht, dass Natur international vernetzt ist und Umweltprobleme vor Grenzen nicht haltmachen. Deshalb müssen ökologische und ökonomische Maßnahmen zur Zukunftssicherung stärker im internationalen Rahmen gesehen werden.

Zu den Initiativen von NatureLife-International gehören Renaturierungsprojekte zur Wiederanpflanzung früher abgeholzter Tropenwaldflächen, die Verbreitung von umwelttechnologischen Innovationen sowie die Förderung naturverträglicher Landwirtschaft. Weitere Impulse gelten breiter Umweltbildung durch die Einrichtung von Natur-Erlebniswelten, der Erarbeitung von Lehr- und Informationsmaterialien, der Förderung von wissenschaftlichem Nachwuchs sowie Beiträgen zum Klimaschutz und zur Umweltvorsorge bei Großveranstaltungen.

Ein besonderer Schwerpunkt ist der Klimaschutz, für den sich die Stiftung mit ihrer Klima-Initiative Globe-Climate einsetzt, die Möglichkeiten zur CO_2-Kompensation anbietet.

NatureLife-International – Stiftung für Umwelt, Bildung und Nachhaltigkeit

info@naturelife-international.org
www.naturelife-international.org

NATURELIFE-
INTERNATIONAL